Hao Chi
de
Lishi

好吃的历史

唐朝皇帝爱吃糖

吴昌宇 著

明天出版社·济南

图书在版编目（CIP）数据

唐朝皇帝爱吃糖 / 吴昌宇著. -- 济南：明天出版社, 2024.2
（好吃的历史）
ISBN 978-7-5708-1940-9

Ⅰ. ①唐… Ⅱ. ①吴… Ⅲ. ①饮食 – 文化 – 中国 – 古代 – 少儿读物
Ⅳ. ①TS971.2-49

中国国家版本馆CIP数据核字（2023）第134410号

策划组稿：肖晶　责任编辑：肖晶　李扬　美术编辑：朱娅琳
插图作者：子木绘　装帧设计：山・书装

Tangchao Huangdi Ai Chi Tang

唐朝皇帝爱吃糖

吴昌宇 著

出版人：李文波
出版发行：山东出版传媒股份有限公司 明天出版社
社址：山东省济南市市中区万寿路 19 号
网址：http://www.tomorrowpub.com
经销：新华书店
印刷：济南鲁艺彩印有限公司

版次：2024 年 2 月第 1 版
印次：2024 年 2 月第 1 次印刷
规格：170 毫米 ×240 毫米 16 开
印数：1—10000
印张：10.5　字数：90 千
ISBN 978-7-5708-1940-9
定价：40.00 元

如有印装质量问题 请与出版社联系调换电话：0531-82098710

目录

Hao Chi
de
Lishi

1

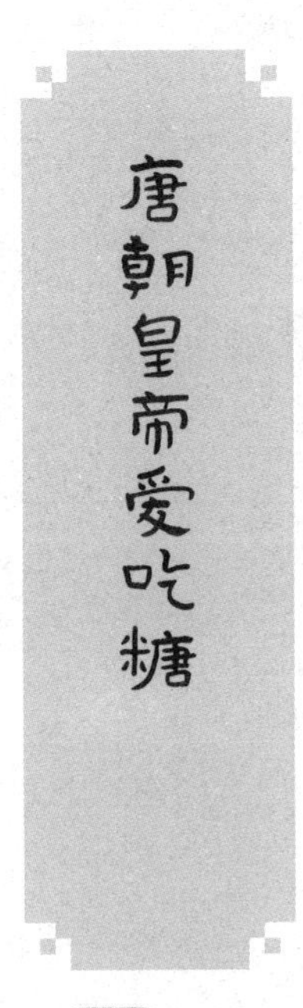

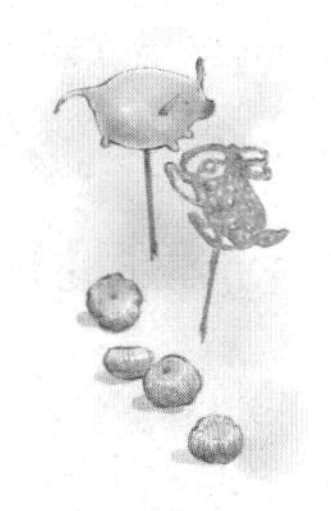

酸、甜、苦、咸、鲜，是人类拥有的五种主要味觉[1]。要问这五种味觉之中哪种最受欢迎，无疑是甜味。从演化的角度来看，喜欢甜味是帮助人类从远古繁衍至今的本能。在自然界中，食物中有甜味往往代表着含有糖类物质，而糖类，正是人体所需的重要营养。所以，人类天生就喜欢吃甜的东西。

在中华文明数千年的饮食文化中，甜味的来源也随着时代发生着变化。汉代之前的古人，主要吃的是麦芽糖。麦芽糖，顾名思义，与麦粒、麦芽有些关系。麦粒就是大

① 辣觉不属于味觉。它是通过辣椒素等作用于舌头中的痛觉纤维上的受体蛋白而产生的，从神经学科的角度来说，更类似于痛觉。

麦、小麦等作物的籽粒。麦粒发芽的时候会产生淀粉酶，淀粉遇见淀粉酶就会被分解，生成大量麦芽糖。我们在吃米饭或者馒头等高淀粉含量食物时，如果在口中长时间咀嚼，就会感觉到一丝丝甜味，就是因为淀粉被唾液淀粉酶给分解了，产生了麦芽糖。

早在春秋战国时，人们就开始用发芽的米粒、麦粒来熬糖了。当时熬出来的糖有两种。一种含水量比较多，又稀又软，看上去有些像蜂蜜，但是要更加黏稠，古人管这种糖叫“饴”。这种饴糖现在虽然还有工厂在生产，不过在一般人的日常饮食中已不太常见了，只在一些民间小吃中出现。

另一种含水量比较少，比较硬，古人管它叫“餳”。“餳”这个字，后来慢慢演变成了现在的“糖”字。这种比较硬的麦芽糖，现在也有卖的，比饴糖要常见一些，有的地方叫它“关东糖”。在北方地区，有个风俗叫“祭灶”。每年腊月二十三（或二十四）这一天，人们要在家里摆上麦芽糖做的糖瓜，供奉给灶王爷吃。

为什么这一天要摆糖瓜呢？传说，每家的灶中都有一位灶王爷，腊月二十三（或二十四）这天，就是灶王爷跑到天上去开会的日子。灶王爷会向天上的神仙汇报，这家人一年来做了些什么事，如果做过坏事，天神就会让这家人倒霉，如果做过好事，天神就会让这家人交好运。

所以在传统民俗中，每逢祭灶这天，人们就在家里摆上糖瓜，给灶王爷吃。糖瓜又硬又黏，吃到嘴里黏牙，灶王爷吃了糖瓜，开会时光顾着抠牙了，没工夫汇报这家人干过什么事，神仙也就不会降下责罚，当然了，也同样不会降下好运。不过，对于广大平民百姓来说，只要不遇到倒霉事也就足够了，并不奢求能走好运。这也正是灶王爷神像两边那副对联——“上天言好事，下界降吉祥”的寓意。

麦芽糖在先秦时期就是中国人饮食中甜味的最主要来源。随着甘蔗传入中国，到了汉代，制糖的原料又多了一种。甘蔗的原产地，目前还没被研究明确，可能是在印度，也可能是在巴布亚新几内亚。甘蔗最重要的实用价值就是提取蔗糖。可以说，蔗糖是日常饮食中最常见的糖的主要成分，像白糖、红糖、冰糖的主要成分都是蔗糖。

最晚在东汉末年，甘蔗就已经传到中国。魏文帝曹丕在他的著作《典论》里说他擅长击剑，曾经和当时的剑术名家邓展一边喝酒一边讨论剑术，聊高兴了，就顺手拿起桌上的甘蔗当剑，比试起了武艺。当然了，结果肯定是曹丕赢了。咱们姑且不管他是不是在吹牛，有一件事是可以肯定的，那就是三国时北方能吃到甘蔗。

不过呢，《典论》中的这段记载，只能证明当时中国有甘蔗，并不能证明甘蔗在那时已经用来做糖了。用甘蔗做糖的最早记录，比曹丕要稍微晚一点，是三国时期东吴的事。

东吴的第二个皇帝名叫孙亮。裴松之注解的《三国志》中引用了《江表传》的记载，说孙亮有一次想吃交州送来的甘蔗糖，让仆人端着小碗去仓库盛，这个仆人和仓库管理员有仇，就把老鼠屎扔在甘蔗糖里，端上来，想陷害仓库管理员，说他不好好工作。孙亮也没生气，让仓库管理员把糖罐子拿过来，一看，罐子上有盖，还是封好的，就知道肯定是仆人陷害，于是就没有冤枉仓库管理员，而是惩罚了仆人。

从这个小故事里，咱们能分析出两个信息。第一个是甘蔗糖的产地。史书里说的交州，位置大概相当于现在的广东、广西的大部分和越南的部分地区，当时是东吴的领土。交州气候温暖潮湿，直到今天，这片土地也是甘蔗的重要产地。第二个信息是甘蔗糖的形态。当时的甘蔗糖应该还不是结实的固体，而是特别黏稠的液体，要不然，老鼠屎也扔不进去，只会落在表面。

后来有人考证，这种甘蔗糖，是把甘蔗汁经过晒或者煮做出来的，也叫石蜜。到了唐代，用甘蔗做石蜜的技术，在中国已经普及了，但是做出来的石蜜跟后来的白糖、红糖比起来，质量要差一些。《新唐书》中有句话是这么说的，“色味愈西域远甚”。说起来，高品质蔗糖能在中国普及，还和唐太宗李世民有关系。

李世民年轻时正逢隋末乱世。他英勇善战，帮助父亲李渊建立了唐帝国，自己也被封为秦王。后来，秦王李世民攻灭洛阳的割据势力王世充，并且击败了前来支援的河北势力窦建德，大获全胜，史称“一战擒双王”。他手下的将士们很高兴，就编出一首歌来庆功，曲名叫《秦王破阵乐》，后来还被改成歌舞。《秦王破阵乐》很快流行开来，成了当时的流行音乐。

后来，有一位玄奘法师，就是《西游记》中唐三藏的原型，他从长安出发，途经我国新疆，中亚诸国，最后到达天竺求取佛经，之后将几百部佛经带回长安翻译成中文，还把旅途见闻写成了《大唐西域记》。玄奘求取佛经的目的地天竺，位置大约相当于现在的印度，他到达的时候，天竺的国王是戒日王。据《续高僧传》记载，玄奘和戒日王见面时，还发生了这样的一段对话，场景大约是这样的：

戒日王问玄奘法师："你是从哪儿来的啊？"

玄奘说："贫僧从东土大唐而来。"

戒日王一听就说："哦，大唐，我知道，我们这儿最近流行一首大唐的歌曲，叫《秦王破阵乐》。哎，高僧啊，你知不知道这个秦王是什么人啊？他有什么丰功伟绩，能让大家编成歌去唱啊？"

玄奘从长安出发的时候，李世民已经不是秦王，而是当朝皇帝了。他告诉戒日王："歌中的这位秦王，现在是我们大唐的天子。他可是个大圣人，拨乱反正、恩沾六合，所以人们才创作了这么一首歌。"

戒日王一听，对李世民那是相当佩服，之后就写了一封信，希望和大唐互派使者，友好往来，还精心准备了天竺的特产作为礼物。李世民收到了信和礼物，也挺高兴的，当然就同意了。

当时，天竺使者送来的礼物里，有一样很特别的东西：糖。这种糖是什么样的，史书里没详细描写，后人经过考证认为，它应该是固体的，类似于现在的红糖或白糖。红糖和白糖放在现在，没什么大不了的，但李世民没见过啊，一品尝，嘿，还真挺好吃的，于是马上下令，派一个叫王玄策的人出使天竺，还特地嘱咐他，一定要把这种糖的制作技术学回来。

王玄策不辱使命，从天竺带回了当地的新式制糖技术。经过试验，新技术成功在大唐"落户安家"，用早已传入中国的甘蔗作为原料，糖很快普及开来。现在咱们吃的白糖、红糖、冰糖，都是从那之后，才逐渐发展出来的。

简单地说，从甘蔗汁里得的第一批糖，就是红糖。因为里面有杂质，所以是红色的。去掉杂质以后，就得到了白糖。王玄策带回来的制糖技术，有可能就包括了脱色技术，但这只是个猜测，因为古书里没有留下具体描述，咱们现在只能知道，“白糖”这个词是唐代才出现的，究竟起源于天竺还是中国，不太清楚。

不过，到了明代的时候，中国人发明了一种先进的脱色技术：在熬糖的时候往里边泼黄泥水！不可思议吧？脏了吧唧的泥水，居然能往糖里放？但这确实是真的，黄泥的作用是吸附掉糖里的杂质，让它变白。白糖在冷却过程中如果结出了晶体，那就是冰糖了。

传统习俗

祭灶是中国古代祭祀灶神的祀礼，早在先秦时期，就被列为“五祀”之一。在漫长的历史演进过程中，祭灶逐渐成为老百姓重要的民俗活动。宋代诗人范成大曾写过《祭灶词》，对当时的祭灶活动进行了丰富的描写，其盛大、热闹的景象可见一斑：

古传腊月二十四，灶君朝天欲言事。
云车风马小留连，家有杯盘丰典祀。
猪头烂热双鱼鲜，豆沙甘松粉饵团。
男儿酌献女儿避，酹酒烧钱灶君喜。
婢子斗争君莫闻，猫犬角秽君莫嗔。
送君醉饱登天门，杓长杓短勿复云，乞取利市归来分。

Hao Chi
de
Lishi

2

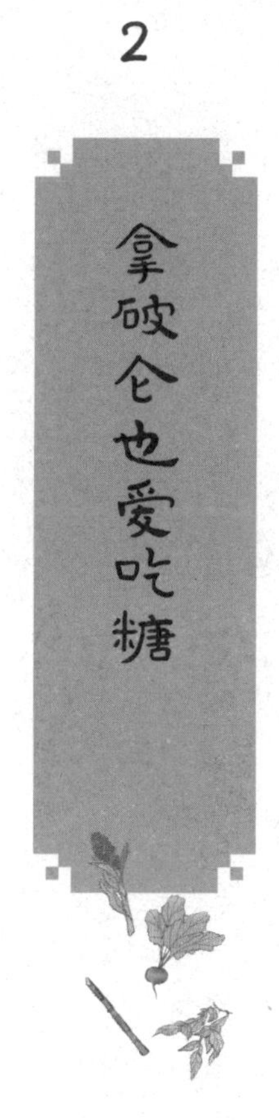

全世界现在出产的蔗糖里，约有 70% 都来自甘蔗。那么，剩下的 30% 是从哪里来的呢？

这 30% 的蔗糖大多是来自甜菜。甜菜，原产于欧洲，很早以前就被当作蔬菜种植了。最初，人们只是吃它的叶子，后来可能是有人看甜菜的根挺粗的，就想尝尝好不好吃，结果发现，它这根居然是甜的，还挺好吃。于是，用来吃根的甜菜品种就开始培育起来了。

这种用来食用的甜菜根，长得像个红萝卜。如果把它切开，你就会发现它的红色要比红心萝卜鲜艳许多，是一种浓烈的紫红色，有点像红心的火龙果。这并不是巧合，因为红甜菜和红心火龙果中含有的色素，都是同一种物质，名叫甜菜红素。有一种叫“罗宋汤”的西餐菜肴，汤汁是

鲜艳的红色，许多人以为是汤中加了番茄的缘故。其实不是，罗宋汤的红色，来源于其中的红甜菜头。

一直到十八世纪之前，欧洲人都是只把甜菜当作蔬菜，吃它的叶或根。实话实说，甜菜算不上很美味的蔬菜，所以在餐桌上一直都是配角。到了十八世纪，德国化学家马格拉夫发现甜菜根可用于提取蔗糖，但因为当时的品种含糖量还不到 2%，约等于甘蔗含糖量的十分之一，这个研究成果也只是证明了甜菜能用来制糖，毫无实用价值。

后来，马格拉夫的学生阿哈德培育出了蔗糖含量较高的甜菜品种，说是高，但也只有 6%，比起甘蔗的蔗糖含量还是差得很远。虽然甜菜可以用于工业制糖了，但只要有甘蔗用，欧洲人自然也不会费力不讨好地去改用甜菜。

甜菜能被人重视起来，最终生产出全世界 30% 的蔗糖，和鼎鼎大名的拿破仑密切相关。拿破仑全名叫拿破仑·波拿巴，他做过法国的皇帝，史称“拿破仑一世”。他在欧洲和北非东征西讨，让法国成为欧陆霸主，同时也树敌无数。

比如英国，就曾在战争期间对法国开展了海上封锁，控制住了海上航线，不让商船把货物运进法国。

甘蔗只能在热带和亚热带地区种植，法国国内种不了。法国人原本吃的糖都来自海外殖民地，现在货物运不过来，法国人民就吃不上糖了，拿破仑只好想办法在国内寻找替代品自己制糖。这时候，甜菜就进入了他的视野。

阿哈德培育的甜菜，含糖量虽然远远比不上甘蔗，但有糖总比没糖好啊。于是，拿破仑在国内大量推广种植甜菜，然后提取出蔗糖给法国人吃。用甜菜制糖这才在欧洲流行起来，并逐渐扩散到了世界其他地方，也包括咱们中国。现在，我国南方制糖主要用甘蔗，而北方用的就是甜菜。经过选育后，甜菜的含糖量也逐渐提高，如今已经和甘蔗不相上下了。另外，甜菜还有另一个用途，那就是提取食用色素。有一种红丝绒蛋糕，其中的红色部分就是用甜菜色素染出来的。

甘蔗和甜菜加一块儿的含糖量，基本上就是世界上所有的糖产量了，不过，还不是全部，还有一点零头，来源于其他的植物。

比如，糖槭。

糖槭是一种高大的乔木，原产于北美洲，在加拿大非常常见，加拿大国旗上的树叶图案经常被人说成是“枫叶”，其实不对，那是糖槭的叶子。在植物学上，枫和槭是两类不同的植物，只不过在日常生活中被叫混了。糖槭产的糖，一般就被叫作“枫糖”。你要是认死理非叫它“槭糖”，别人多半不明白你在说什么。

加拿大的冬天特别冷，零下好几十度，还经常下大雪。为了能挨过寒冷的冬天，糖槭会从秋天开始就在身体里积蓄淀粉。到了冬天，糖槭的叶子掉光了，整棵树基本上处于休眠状态，就像动物在冬眠一样。然后，等到来年春暖花开，糖槭会“醒过来”，把淀粉分解成糖，运送到枝条里，为新叶萌发提供营养。

如果咱们在这个时候，将一根铁管敲进树皮里，含糖的汁液就会顺着铁管慢慢流出来。当然，咱们也不能把汁液全都取走，大部分汁液还是要留给糖槭，要不然它就没有办法继续生长，第二年也就采不到糖了。

其实，糖槭的汁液含糖量并不高，直接喝也只是感觉稍微带点甜味，所以，工人们采集到糖槭汁液后，还要放在火上熬，将其熬成糖浆。一般来说，几十升糖槭汁液才能熬出一升糖浆来。可想而知，这种糖槭糖浆的价格不便宜。而用这种糖浆熬好的枫糖呢，样子有点像蜂蜜，不过颜色的种类比蜂蜜多，有浅黄色的，也有深黄色甚至棕色的。枫糖颜色的不同和采收的时间有关，每年越早采的糖槭汁液，熬出来的枫糖颜色就越浅，而晚采的汁液熬的枫糖颜色就会发深。

枫糖因为含有一些水分，所以不像白糖、冰糖那么甜，还带有一股特殊的清香味。加拿大人有一种很特别的枫糖吃法：把枫糖倒在雪上，然后用一根小棍，把糖卷起来，这样就做成了一根棒棒糖雪糕。这个吃法虽然不是很卫生，却挺好玩的。

说完了寒冷的加拿大，我们再换个暖和的地方——东南亚。那里也有一种产糖的植物，叫作“糖棕”。糖棕是棕榈、椰子的亲戚，长得也跟它们有点像，都是高高的树干

顶着一丛巨大的叶子。

糖棕产糖的部位跟甘蔗、甜菜、糖槭都不太一样，它的糖分藏在花里。糖棕的花不是单个生长，而是很多朵花聚在一起，在植物学上，通常将花轴及其着生在上边的花统称为“花序”。糖棕的花序很大，开花的时候，当地人会爬到树上，在花序基部割开一个口子，收集里边的汁液，这些汁液里就含糖。和枫糖一样，糖棕汁液中的糖也需要经过加热浓缩，最后放凉，才能变成硬硬的糖块。

糖棕不光能用来制糖，果实也可以吃。糖棕果长得有点像椰子，里边的肉是白色半透明的，有股清甜的味道，在东南亚一般用来炖汤，咱们的粤菜里也会用到。只不过，糖棕在做菜的时候就不叫糖棕了，而是叫“海底椰”。

糖槭和糖棕这两种植物，都属于外国植物。咱们中国有没有类似的产糖植物呢？也是有的，那就是高粱。高粱原产于非洲，大约在北宋时期传入中国，没过多久就成了北方地区的重要农作物。现在，高粱是全世界产量第五的谷物，排在玉米、水稻、小麦和大麦的后面，不过因为产量低、口感差，所以并不太受人欢迎，除了用作饲料，主要就是拿来酿酒，再有就是能用来制糖了。

高粱和其他农作物一样，都有很多品种，其中只有一部分可以用来制糖，叫作“甜高粱”。北方叫它甜秆，南方叫它芦粟。甜高粱的秆儿比甘蔗要细一些，外皮是绿色的，比甘蔗皮薄，不需要削皮，直接就能吃。甘蔗一般是冬季上市，而甜高粱是在夏季，可以说，它俩是在“错峰”给人们提供甜蜜。甜高粱要比甘蔗容易种，不怕旱，也不怕冷，糖的产量也挺高的，但是皮薄，不耐储存，容易坏，所以不如甘蔗那么普及。

除了上边这些能制糖的农作物外，还有一种常见的城市绿化植物也能制糖，那就是爬山虎。冬天的爬山虎，茎里边也积累了许多糖，要光从成分比例上来说，不比甘蔗差。一年中，在最冷的一月份时，爬山虎的含糖量能达到20%。

用爬山虎来制糖的，是一千多年前的古代日本人。那时，他们把爬山虎称作“甘葛”。日本平安时代（794—

1192）的法律条文集《延喜式》中记载了当时的人们收集爬山虎制糖的细节。当时的朝廷从全国收集爬山虎，经过熬煮、浓缩，制成蜂蜜或饴糖样子的糖浆，并且献给唐朝的皇帝。平安时代还有一位文学家，名叫清少纳言，我国小学语文教材中收录的散文《四季之美》，就出自她的文集《枕草子》。同样是在《枕草子》中，清少纳言写到了在碎冰上加入甘葛的吃法，和现在的刨冰、沙冰已经很相似了。

不过，随着岁月的变迁，从爬山虎中提取糖浆的具体做法已经失传，甚至连它是不是真的能制糖，后人也不清楚了。2011 年，日本奈良女子大学的研究者通过试验，证实了爬山虎确实能用来制造糖浆，只不过工序很烦琐。研究者们将冬天的爬山虎茎切成小段，然后用嘴从断口往里吹气，把汁液从另一头吹出来，就这么一点一点收集，再熬成糖浆。费半天劲，最后只能得到一小碗糖浆。怪不得在蔗糖出现以后，爬山虎糖就慢慢退出历史舞台

了呢。

好了，现在你已经把主要的产糖植物都认识个遍了。最后我还是要提醒你：甜甜的糖虽然好吃，但为了你的健康，你一定不能贪吃哦。

经典之作

《枕草子》是一部由日本平安时代（794—1192）中期作家清少纳言创作的随笔作品集，于公元1000年左右成书，为日本最早的随笔文学。所收笔记300余篇，主要抒写对宫廷生活的感想，文笔简洁，与《源氏物语》并称为平安时代文学之双璧，对后世日本随笔文学有很大影响。

Hao Chi
de
Lishi

3

康熙皇帝竟然不爱吃巧克力?

很多人都特别喜欢吃巧克力。喜欢味道醇厚的，就选黑巧克力；喜欢奶香味的，就选牛奶巧克力；喜欢抹茶味的，就选抹茶巧克力；喜欢有脆脆的榛子的，就选榛子巧克力……学习学累了，来块巧克力，别提有多美了。

我们现在吃到的巧克力，大多是块状的固体。不过，它最早可不是这个样子的。巧克力的原材料来源于一种植物，名叫“可可”。可可跟棉花是亲戚，在植物分类学中，它们都属于锦葵目。不过，棉花是草本植物，而可可是一种大树。可可的果实形状有点像橄榄球，两头尖、中间宽，当然尺寸要小一些。而且，这种果实不像大多数水果那样长在枝头，而是直接从树干上长出来的，因为它的花就开在树干上。果实里边的种子，就是巧克力的原材料了，被称作“可可豆”。

可可的老家在美洲的热带地区，当地人从几千年前就开始食用可可的果实了。据研究者猜测，最早，美洲人可能是吃可可的白色甜味果肉，或者用它酿酒，后来才发明了可可豆的吃法。说“吃”可可豆其实不太准确，应该说“喝”。他们会把可可豆磨碎，然后放到水里，加入香草、辣椒、蜂蜜、玉米面一起煮，煮完再打出泡沫，一杯古代美洲人喝的热巧克力饮料，就做好了。英语中巧克力叫作chocolate，这个名字就来源于古代美洲人的语言，原本的意思是“苦水”或“打出泡沫的水”。

不过，你可别把它的味道想象得太美好，不信咱们就来分析一下。

很明显，可可豆是苦的，就是现在你能吃到的高纯度黑巧克力的那种苦；辣椒是辣的；蜂蜜是甜的；香草，就是香草冰激凌的那种香味……再加上玉米味，这些味道混到一起，如果让我们现代人去喝，肯定会觉得味道很奇怪。

不光味道怪，这饮料的颜色也不太对劲。我们现在看到的巧克力，一般都是深棕色的，但古代美洲人喝的可可饮料是深红色的——他们会往里头加一种红色的色素。他们认为，红色的饮料象征着敌人的鲜血，战士们上战场前

喝一杯，寓意就和“笑谈渴饮匈奴血”差不多，表现自己的勇气和豪情壮志。

对古代美洲人来说，可可豆不仅仅是饮料的原料，还是一种货币，既可以用于购买商品，也可以拿来给统治者交税。

1492年，哥伦布率领船队到达了美洲大陆，欧洲人由此认识到了美洲大陆的存在。接连不断地有人去美洲探索。有的欧洲人到了那儿，看到当地人喝可可饮料，觉得很好奇，就尝了尝。不出意外，他们完全无法接受这种奇怪的饮料的味道，便开始对它进行改良：不往里头放辣椒和玉米面了，再放点糖啊、牛奶啊，有的还会放点丁香、肉桂、杏仁什么的。改良后的可可饮料，味道应该是苦中带甜，比较接近我们现在喝的热巧克力饮料了。

1582年，意大利传教士利玛窦来到中国，开启了一波东西方文化交流的新浪潮。他把欧洲的天文、地理、数学、哲学等知识引入中国，又把中国的文化和技术介绍到欧洲去。在利玛窦之后的两百多年里，不断地有欧洲传教士来到中国，他们会随身携带一些家乡的食物，其中就包括欧洲改良版的可可饮料。当时，中国人根据音译，叫它“绰科拉”。

到了清朝康熙年间，来华的欧洲传教士已经有不少了，其中不乏知晓医学和技术之人。康熙皇帝这个人呢，对数学、天文、医药都挺感兴趣，所以这些人也因此受到了康熙皇帝的重视，经常被请入皇宫中看病、交流。宫中如果缺少什么西洋药品或者食物，皇帝就会派官员去找传教士讨要。

这一来二去的，清朝的官员就见到了意大利人带来的绰科拉，但并不知道那是饮料，还以为是药水，心里就开始琢磨：“咱们皇上不是对医药感兴趣吗？那就把洋人带来的这种药献上去呗，皇上一高兴，那肯定得赏赐我们啊。”于是，他们就把绰科拉报告给了康熙皇帝。皇帝果然挺感兴趣，1706年7月2日，他专门下令让一位叫赫世亨的官员向意大利人要些绰科拉送过来。

赫世亨只用了几天就完成了任务。根据保存下来的奏折记载，当时意大利人手头的绰科拉也不太多，全交给了办事官员并送到了皇宫里。赫世亨表示，如果不够，他就派人从吕宋（今菲律宾）再取。同时，他还在奏折中写了一篇几百字的绰科拉说明书。

奏折中记载的绰科拉成分有八种，分别是：可可、牛奶、香草、白糖、茴香、肉桂，还有一种名叫“秦艽”的苦味草药，以及一种音译名字叫“阿觉特”（现在无法考证它究竟是什么）的东西。奏折中还提到，绰科拉的食用方法是放入铜罐或银罐里，用白糖水熬煮，再用黄杨木碾子搅和，就能喝了。

赫世亨特地把银罐、黄杨木碾子和绰科拉一起，作为奏折的“附件”呈送给了康熙皇帝。然而，康熙皇帝收到以后并没有很开心呢，因为他本以为绰科拉是药品，结果奏折里就没写这东西能治什么病、药效如何。

于是，康熙皇帝写信批评了赫世亨，让他去把绰科拉的“药用价值”打听清楚，至于绰科拉本身，有这些就够了，不必再送。

赫世亨接到了新命令，自然是不敢怠慢，详细询问过后，奏报给康熙皇帝，说绰科拉不是药，只是种饮料，在美洲的地位很高，和茶叶在中国的地位差不多。康熙皇帝收到新奏折后，顿时失去了兴趣，回复只有三个字“知道了”。那么，送去的绰科拉他喝没喝呢？史料中没有记载。不过，按照当时的加工技术，康熙皇帝就算喝了，恐怕也很难马上喜欢上它。因为当时的可可是用可可豆直接磨成的粉，不光苦，还带有酸涩味，做出来的饮料不太可能符合中国人的口味。就这样，康熙皇帝与“中国品尝巧克力第一人”的称号失之交臂，不过对他来说，或许也没什么可遗憾的吧。

巧克力变得能够符合大众口味，是19世纪的事了。1815年，荷兰人范·豪尔顿发现在加工可可豆的时候，加进去一

点食用碱，可以增加可可粉的香味，减少苦味，这样煮出来的饮料也能好喝很多。1819年，瑞士人凯雅发明了世界上最早的固体巧克力，并在瑞士沃韦开了世界第一家巧克力工厂。后来，凯雅的巧克力工厂被雀巢公司收购了，但用他姓氏命名的巧克力品牌Cailler一直保留到了今天，你在一些大超市或许还能买到。1828年，豪尔顿又改良了加工可可豆的机器，巧克力由此开始变得细腻、顺滑，最终成为风靡世界的零食。

可可豆

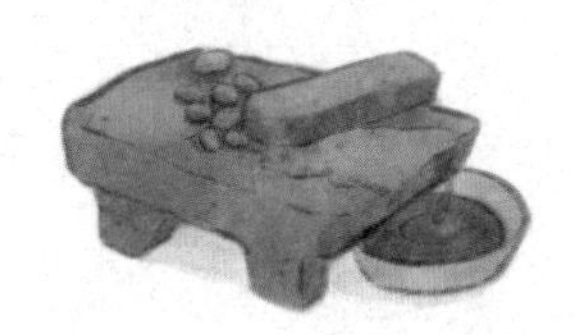

可可脂

买巧克力的时候，你或许会注意到包装上面的百分数，有80%，也有70%、60%等，这是什么意思呢？

可可粉

这些数字，和现代巧克力的加工工艺有关系。现代巧克力的做法，是先把可可豆堆在太阳底下发酵一段时间，再通过烘烤把它烤出香气来。然后再把可可豆磨碎。在这个过程中，被磨碎的可可豆会逐渐变得浓稠，形成酱。从这种酱里边可以提取油脂，提取出的这种油脂，叫可可脂。提取完可可脂，把酱里剩下的成分再磨细，就得到了可可粉。

可可脂和可可粉按一定比例混合，再加上其他配料凝固后，就成了巧克力块。这就是我们现在吃的固体巧克力。可可粉是深棕色的，巧克力里用的可可粉越多，巧克力的颜色就会越深。而可可脂是乳白色的。如果完全不放可可粉，做出来的就是白巧克力。

巧克力包装上的百分数，表示的是这块巧克力中可可粉和可可豆加起来的质量占总质量的比例。比如说，80%的巧克力，是指里面 80% 的成分是可可，剩下的 20% 则是糖、牛奶等其他成分。百分数越大的巧克力含可可成分的比例就越高，质地一般会更硬，味道也更苦。

所以，如果你平时特别怕吃苦味的东西，我建议你选择巧克力的时候，选那些百分数小于 70% 的巧克力，相对来说味道就不会那么苦啦。

诗词之美

《满江红·写怀》

【宋】岳飞

怒发冲冠，凭栏处、潇潇雨歇。抬望眼、仰天长啸，壮怀激烈。三十功名尘与土，八千里路云和月。莫等闲、白了少年头，空悲切。

靖康耻，犹未雪。臣子恨，何时灭。驾长车踏破，贺兰山缺。壮志饥餐胡虏肉，笑谈渴饮匈奴血。待从头、收拾旧山河，朝天阙。

《满江红·写怀》一般被认为是南宋抗金将领岳飞的词作。上阕展现为国杀敌立功的豪情，下阕抒发重整乾坤的壮志。作品展现了一种浩然正气和英雄之志，表现了作者报国立功的信心和乐观奋发的精神。全词情调激昂，慷慨壮烈，结构严谨，一气呵成，有着强烈的感染力。

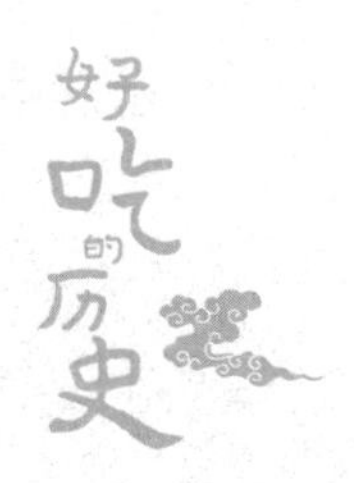

Hao Chi
de
Lishi

4

当心超市里的『带皮腰果』！

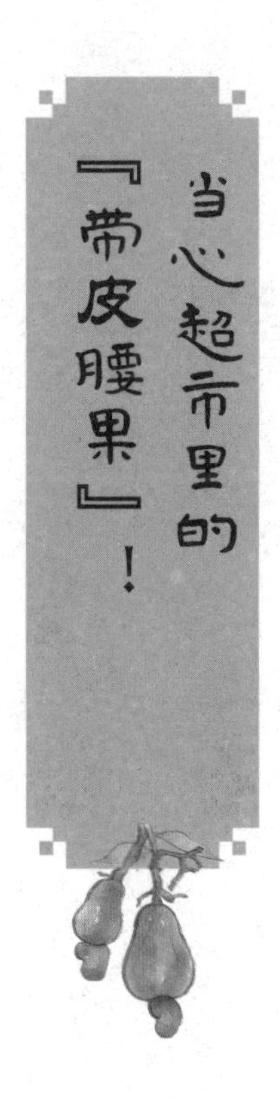

在大超市的货架上，琳琅满目的坚果一般会独占一个分区。我们忽略品牌只看种类，会发现它们主要有花生、瓜子、核桃、榛子、腰果、开心果、扁桃仁、夏威夷果等等。从营养学角度看，它们的共同特点是脂肪含量很高。相对于肥肉、奶油、油炸食品等其他高脂肪食物，大部分坚果的脂肪中都含有比较多的不饱和脂肪酸，这是一类对人体心血管健康有利的物质，所以在《中国居民膳食指南》中，专家推荐成年人每天吃 10 克左右的坚果。除此之外，很多坚果中还含有丰富的膳食纤维，也对人体健康有益。

仔细留意一下超市货架上存放的那些坚果，你会发现，几乎所有的坚果都有两种“版本”：一种是带着壳的，另一种是去了壳的纯果仁。唯独腰果例外：它要么是白白净净的果仁，要么是带着一层棕褐色薄皮的果仁，根本就找不到带壳的。这又是为什么呢？是因为腰果壳太硬、太重？也不对啊，夏威夷果的壳那么厚，不也是锯开一个口子就上市了吗？其实啊，这是因为腰果的壳有毒。

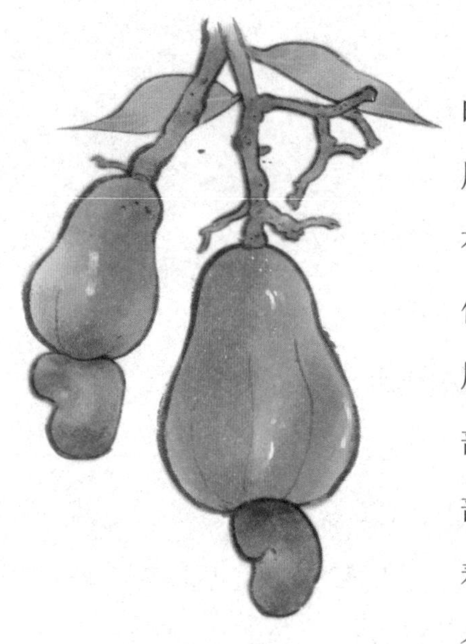

我们吃的腰果果仁，其实是它的种子。一般来说，植物的种子外层都有种皮，种皮包裹着内部的胚，有些还有胚乳。腰果那乳白色的果仁就是它的胚，“带皮腰果”的那层褐色的薄皮，就是它的种皮。大部分有花植物的种子都长在果实内部，腰果也不例外。它的果子外形看上去有点像苹果，只是顶上多了个“小脑袋”。这个弯曲的“小脑袋”，才是腰果真正的果实，外层有硬质的果皮，内部长着种子。

而长得像苹果的那部分结构，其实是腰果的果柄，就相当于苹果和樱桃上的那个把儿。大部分水果的果柄都没什么食用价值，但腰果比较特别，它的果柄可以吃，嚼起来松软多汁，还是酸甜味的，可以当成水果直接吃，也能用来榨汁、酿酒。不过，因为腰果果柄外皮很薄，容易碰伤腐烂，所以很难保存和运输，只有在东南亚、非洲、南美洲等热带地区的产地才能吃到。

腰果的果实成熟以后，人们把它们采收下来，经过加工后，销往世界各地。加工时，要先把外壳去掉，剥出里边的种子，再把种子拿去烘烤加工。这个去壳的工作，可以靠工人手工进行，也可以用机器来完成。不过，由于腰果的主产地大多位于经济不发达地区，当地大部分的加工厂舍不得买机器，所以剥腰果壳的工作，很多都是靠手工来完成的。

工人在工作时，要戴上橡胶手套。他们拿小锤子把腰果的壳轻轻敲开，剥出里边的果仁。戴橡胶手套是因为腰果壳中含有毒素，会腐蚀人的皮肤，严重时可能会给人带来生命危险，橡胶手套可以在很大程度上减少皮肤接触毒素的可能性，但也无法做到完全保护，很多工人依然会中毒。所以说，手工去除腰果壳，其实是一项比较危险的工作。

那么，腰果只要去了壳，就一定安全了吗？并没有，因为腰果仁还是含有微量的毒素，容易让人过敏。尤其是

带皮腰果，它那层棕褐色的种皮，引起过敏的可能性比较大。过敏的人吃了以后，症状一般是喉咙刺痒，脸上、身上有时还起疹子，如果出现这类现象，那就不要再吃了，严重时还需要去医院。

所以，我们在超市里看不到带壳的腰果，这下你知道原因了吧？

在植物学上，腰果属于漆树科。这个类群的植物，很多都富含让人过敏的物质，着实不太好惹。在咱们的餐桌上，还能见到漆树科的三个成员，其中只有一个比较安全。

先说这个安全的——开心果。开心果没有毒，也不太容易引起过敏。在《中国植物志》中，它的正式中文名叫“阿月浑子”。这不是现代植物学家凭空起的名字，而是引用自唐代古书。在古书中，它也被写作“阿月”或“阿月浑”，有可能是音译自古代的波斯语等中亚语言。

开心果早在唐代就传入了中国，比腰果早了一千多年。它的老家在亚洲西部地区，经由丝绸之路上的商旅运到中国销售。对唐朝人来说，开心果属于进口商品，大家都不知道它是怎么种出来的，就产生了很多想象。据《酉阳杂俎》《本草拾遗》等古籍记载，人们还以为开心果和大榛子是同一种树上结出来的，按“单双号”结果：一棵树要是今年结开心果，明年就结大榛子，后年再换成开心果。我们现在当然知道这并不符合事实，开心果是漆树科植物，榛子是桦木科植物，这俩的亲缘关系差着十万八千里呢，不可能长到一块去。

芒果也是腰果的漆树科亲戚，相较于开心果，它就不那么安全了。很多人都对芒果过敏，只不过症状有轻有重：症状特别轻的人，身体没什么明显反应，他自己可能都不知道自己对芒果过敏；而症状稍微重一点的人呢，吃完芒果以后，嘴唇会肿，脸上会起疹子；有些过敏特别严重的人，可能还会出现呼吸困难之类的症状，说不定就有生命

危险了，这样的人肯定就不能吃芒果了。

如果只是轻微过敏，还是可以吃的，但要注意两点：一是尽量挑熟透的芒果吃，生芒果容易引起过敏；二是尽量别把果汁沾到脸上，皮肤容易出现过敏症状。

芒果的原产地是印度，按照古籍中的可靠记载，应该是在明代中后期传入中国。明嘉靖十四年（1535年）的《广东通志稿》中有“杧果，种传外国”的记述。顺便说一句，芒果在《中国植物志》中的中文正式名写作“杧果”，就是从古书中直接搬来的，“芒果”严格来说只是民间的通俗写法。不过，我们也不需要因此去纠正别人，毕竟交流才是语言文字的最大意义。

不过，也有一些书籍中说芒果是唐代的玄奘法师去天竺取经时带回来的，这又是怎么回事呢？其实，玄奘在《大唐西域记》中是记载了很多南亚的果子，但名称都是音译，比如庵没罗果、末杜迦果、乌昙跋罗果之类，后人很难考证这些究竟指的是什么东西。同时期的佛教著作《一切经音义》中描述了一种“庵罗果”的形态是“其叶似柳而长一尺余，广三指许，果型似梨而底钩曲”，很像现实中的芒果，所以有人据此认为“庵罗果”就是“庵没罗果”，也就是芒果，由玄奘带回中国。

可是，这个推理在逻辑上说不通。首先，我们不能确定《一切经音义》中的“庵罗果”就是《大唐西域记》中的“庵没罗果”。其次，就算这俩名字指的都是芒果，玄奘也只是在书中提到印度有芒果，没说自己把芒果带回来了。

另外，从现实情况来看，玄奘也不可能把芒果从印度带回长安。因为芒果的种子很怕干燥的环境，暴露在干燥空气中四五天，就不能发芽了。古代交通不发达，玄奘回国花了两年的时间，就算他真的带了芒果种子，回到长安时，种子也早就干死了。

好，说完芒果，最后咱们来说说腰果的第三个亲戚。这个亲戚并不是食物，但也会出现在餐桌上，它就是漆树。漆树和腰果、芒果、开心果不一样，是中国土生土长的植物。它的树皮被割开以后，会从里边流出一种乳白色的黏液，和空气接触一段时间，黏液就会变成黑色。

这种黏液就是生漆。生漆如果处在适宜的温度和高湿度环

境中，就能干燥形成一层硬膜，又防腐又耐磨。早在几千年前，咱们的老祖宗就开始使用它，制作漆器。漆器的最内部是用竹子或者木头做的胎，然后在上面涂生漆，等这层生漆晾干以后，再上一层生漆，再晾干，如此反复，最后裹上好几十层，漆器就做好了。生漆在干燥前，引起过敏的威力特别强，不过干燥以后就安全了。做好的漆器可以拿来当餐具，而不会引起过敏。

漆器在加工过程中，还能在上面写字、印花和雕花。湖南长沙的马王堆汉墓中，就出土了很多漆器的盘子和酒杯，上边还写了字，有的是“君幸食”，有的是“君幸酒”。“幸”在这里的意思是“希望”，这两句话就是说希望你吃好、喝好。当然了，这个“你”指的不是正在看书的你，而是指墓中埋葬的人。

不过，有件事确实要提醒一下看到这里的你，那就是，每一种食物都有可能引起人过敏，腰果和芒果只是其中相对多发的种类。过敏的症状表现也是因人而异。如果你发现自己吃完某种东西以后经常会不舒服，最好提高警惕，必要的时候，可以去医院做个检查，这样才能比较放心。

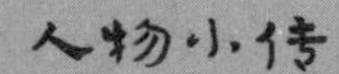

玄奘（602或600—664），通称“三藏法师”，俗称“唐僧”。唐佛教学者、旅行家。本姓陈，名袆，洛州缑氏（今河南偃师缑氏镇）人。十三岁出家，后遍访名师，精通经论。贞观三年（629年，一说贞观元年），经凉州（今甘肃武威）出玉门关西行赴天竺，在那烂陀寺从戒贤受学。后又游学天竺各地，贞观十九年（645年）回到长安（今陕西西安）。译出经、论七十五部，凡一千三百三十五卷。多用直译，笔法谨严，世称“新译”。对中国佛教思想的发展影响极大。民间广传其故事，如元代杂剧《唐三藏西天取经》、明代小说《西游记》等，都从他的故事发展而来。

Hao Chi
de
Lishi

5

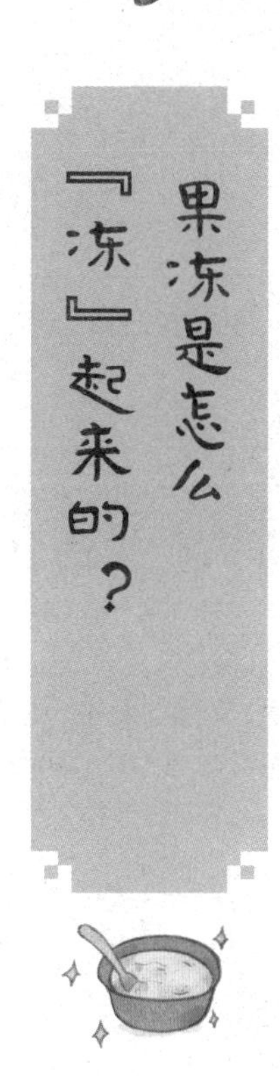

果冻这种东西，究竟应该算是“吃的”还是“喝的”呢？说它是液体吧，它又不能流动；说它是固体吧，看着又太不结实了，而且吃的时候还得用嘴吸溜。仔细想想，还有好多好吃的，质地都有点像果冻，比如说布丁、慕斯、山楂糕等等。

其实啊，不管是果冻，还是质地像果冻的其他食物，在做成成品之前，都是液体的状态。这些液体之所以能变成“冻”，是被一些神奇的物质施加了“凝固魔法”。这类能让液体凝结的神奇物质，统称为“凝固剂”，它们可以和水结合到一起，抓住水分子，不让水到处流动，液体就会变得黏稠，甚至是结成冻。

不同的食物，用到的凝固剂也不一样。拿果冻来说吧，

现在超市中的果冻，配料表里多半都会有两个奇怪的名字，一个是魔芋粉，还有一个是卡拉胶，它们都属于凝固剂。

先说魔芋粉。光看名字，感觉有点吓人，让人想到魔鬼什么的。其实，魔芋是一种植物，和芋头是亲戚，都属于天南星科。魔芋的名字在《中国植物志》里写作“磨芋”，出自清代的《植物名实图考》，不过，书中同时写了“磨芋”和“鬼芋”两个名字，后人多写作“魔芋”，或许就是二者名称的结合，也有可能是本来就有“魔芋”的写法，只是书中没收录。

魔芋这种植物，外观和生活习性确实透着一股子邪性，难怪人们把它和魔、鬼联系到一起。它的地面部分长得有点像棵小树，有“树干”“树枝”，还有“树叶”。不过，那看似树干和树枝的部位，并不是茎，而是它的叶柄，这一整棵“魔芋树”只是一片叶子。魔芋真正的茎长在地下，形状有点像荸荠，但是个头有脸盆那么大。它的花长得更怪异，在植物学上叫作“佛焰花序”。许多微小的雌花和雄花长在肉质棒状的花序轴上，外面围着硕大的苞片，苞片的颜色说紫不紫、说绿不绿，散发着腐肉一样的臭味，吸引苍蝇等昆虫传粉。果实则是一串橙色的小浆果，看上去很美味的样子，但是有毒，不能吃。

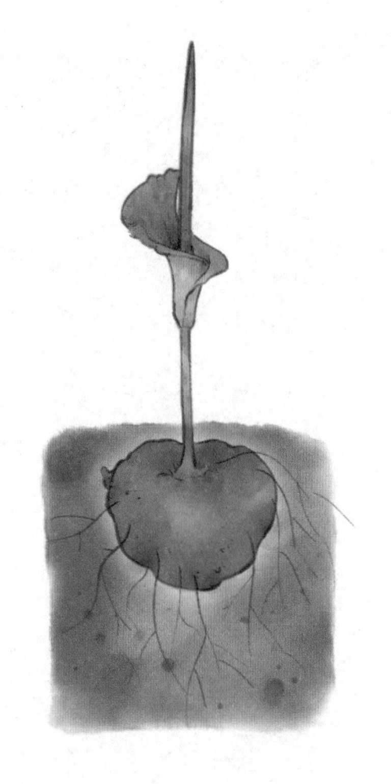

事实上，魔芋的花和叶也同样有毒，只有地下的茎能吃。即便能吃，魔芋的茎也不能直接拿来做菜，而是要先磨成糊糊。有人认为，魔芋之所以以前又叫“磨芋”，是指它吃之前需要磨碎，和普通的芋头不一样。磨好的魔芋糊糊加上碱水，再蒸熟或者煮熟，就能凝结成块，也就是魔芋块。魔芋块乍看上去有点像果冻，也是半透明的柔软固体，但上手一摸就能发现，它的韧性比果冻要强得多，并不会一碰就碎，可以加工成各种形状。素毛肚、魔芋爽之类的小零食，都是用魔芋块做的。

吃火锅的时候，你可能还见过魔芋丝，它的加工过程和魔芋块也有点像：把魔芋糊糊放进一个筛子一样的容器里，让糊糊通过筛孔往滚烫的开水里落，煮熟、凝结后，就能得到细长的魔芋丝了，然后再捞出来剪断，打个结，就可以包装上市。

如果把魔芋的茎晒干、磨碎，就能得到魔芋粉，也就是很多果冻的重要原料。不管是果冻，还是魔芋块、魔芋丝，它们之所以能够凝固，是因为魔芋粉里头含有魔芋胶。魔芋胶这种物质挺好玩，它属于糖类，但是一点都不甜，溶在水里之后，会吸水膨胀，变成黏糊糊的胶状物质，加热后就会凝成块。

做果冻的时候，要是只用魔芋粉这一种凝固剂，得到的成品效果并不好，一般还要和其他凝固剂配合使用，卡拉胶就是其中的常用种类。

卡拉胶这个名字，很难让人猜到它的来历。卡拉胶是英语 carrageenan 的音译，是从藻类中提取出来的。把它放在热水里煮一会儿就会溶化，放凉以后又能凝成块，凝结后如果遇热，它还会再化掉。它的这个特点跟魔芋粉明显不同，魔芋粉凝固以后并不会在热水中溶化，要不然涮火锅的时候也就吃不着魔芋丝了。做果冻的时候，卡拉胶和魔芋粉要一起用，才能让果冻晶莹剔透，晃起来不容易碎，让人一看就有食欲。

卡拉胶来自藻类。藻的种类有很多，很久以前，大家认为它们都属于植物，但是现在随着研究的深入，我们已经知道，“藻类”并不是一个独立的生物类群，而是许多类群，其中有一些属于植物，也有很多并不是植物。藻类中能提取出来的食用凝固剂，也不只卡拉胶一种，还有一种很常见的凝固剂，叫作“琼脂”。“琼”的意思是“漂亮的玉石”，琼脂凝固成的果冻外表晶莹剔透，就像漂亮的玉石一样好看，所以得了这么个名字。

福建有一种小吃，叫作“石花膏”，口感有点像果冻，但是比

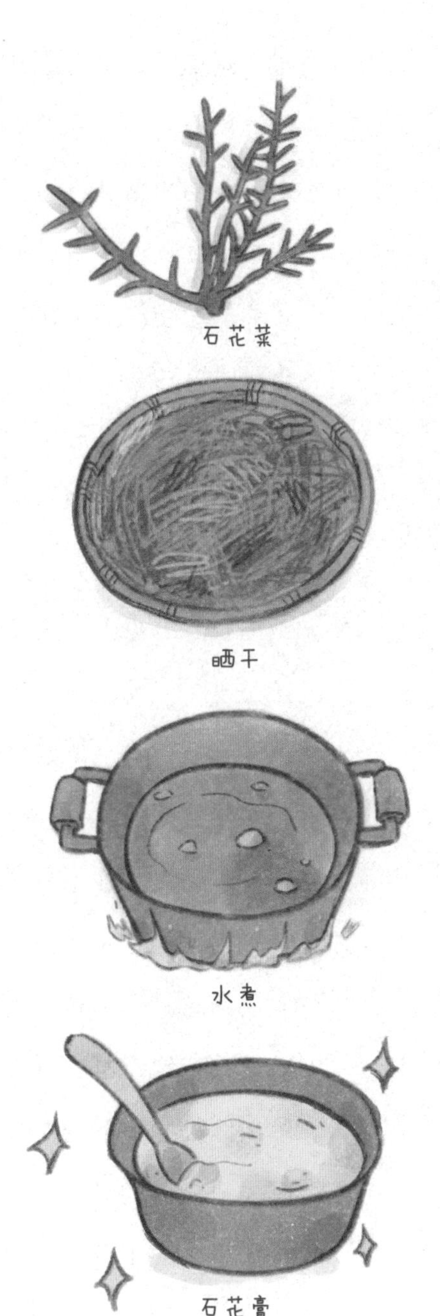

果冻更脆，不像果冻那么有弹性，轻轻一碰就会碎掉，它的原料是一类叫石花菜的海藻。石花菜生长在海里，全身上下都是深紫红色的，有很多分枝。人们把它捞出海以后，先放在太阳底下晒，去掉色素，再下锅加水煮，让石花菜里面的琼脂都溶化在水里，凉了以后，就能凝成透明的冻，也就是石花膏。

琼脂和卡拉胶一样，一加热就会溶化，所以石花膏只能凉着吃，不能热着吃。不过，如果不加热，只是放在屋里，石花膏是不会化的。琼脂的这个特性，也被人们充分利用在了餐桌上。比如山楂糕这种小吃，现在不管是冬天还是夏天，超市里都有卖的，红红的，又酸又甜，就是因为加入了琼脂来帮助凝固。

早年间的山楂糕就不一样了，你只能在天冷的时候能买到，到夏天就不行了，因为天一热它就会化。传统的山楂糕做法是先用山楂加白糖、桂花熬出黏稠的果酱，再加入明矾，让它凝固。它真正的凝固剂是“果胶”，几乎所有的植物组织都含果胶，熬山楂的过程，就是把果胶从植物组织细胞中熬到水里。不过，单纯靠果胶凝固效果不太好，只能得到果酱，得加入明矾才会凝固成块。但是，这样做出来的山楂糕含水量高，周围环境一热，它就会开始溶化、垮掉，所以夏天没法卖，需要加入琼脂，才能保持

稳定的固态。

魔芋和藻类能用来提取凝固剂，那么动物行不行呢？也是可以的。比如咱们自己家里要是熬了鱼汤或者肉汤，一顿没吃完，给放到冰箱里，第二天它往往都会凝成冻。根据这个现象，人们发明了许多美食，比如北方人喜欢吃的肉皮冻。肉皮冻的做法很简单：用肉皮熬汤，凉了以后凝成块就可以吃了，吃法只能是凉拌，稍微一热，肉皮冻就会化成汤。镇江有道特色美食，叫作“肴肉”，虽然写作“肴”，不过当地人一般会读作“xiāo”，是用带着肉皮冻的猪肘肉做成的，同样是以冷吃为主。还有各地的灌汤小笼包。和馅的时候，把肉皮冻加进去，包进面皮里以后上锅一蒸，汤就化在包子里了。

这些会凝固的汤有个共同点，都得是连着动物皮或者骨头一起熬出来的，要是只用纯肉，那熬出来的汤就凝不了。比如说东北的延吉冷面，它的面汤是用瘦牛肉熬出来的，冰镇到漂着冰碴子才加到面里，这么低的温度，面汤还不会凝成冻。

这是因为，动物的皮、骨头这些结构里，富含胶原蛋白，如果把它们放水里使劲煮，会让胶原蛋白转变成另外一种物质，叫作“明胶”。而瘦肉中胶原蛋白含量低，煮不出来那么多明胶，肉汤就凝不了。明胶的英文名字是gelatin，音译过来叫“吉利丁”，许多零食里也会用到它。橡皮糖和小熊软糖的那种又韧又弹的口感，还有布丁和慕斯蛋糕有点像果冻的质地，都是明胶带来的。

说了这么多，这些能让水凝成冻的凝固剂，有什么营养价值吗？总体来说，它们几乎不含人体所需的营养物质。但是，没营养不等于不健康。就拿最常见的魔芋来说，它富含膳食纤维，平时经常吃一些，对维持肠道健康、降低血脂都很有帮助。而且，它还能提供饱腹感，吃了以后不容易感觉到饿，可以帮助有减脂需求的人控制每天摄入的热量。

所以说，魔芋和海藻虽然没什么营养，但也属于健康食品，经常吃有益于身体健康。用它们做出来的果冻只要一次别吃太多就行。要是你吃没营养的果冻吃饱了，那可就吃不下正经的饭菜了。

Hao Chi
de
Lishi

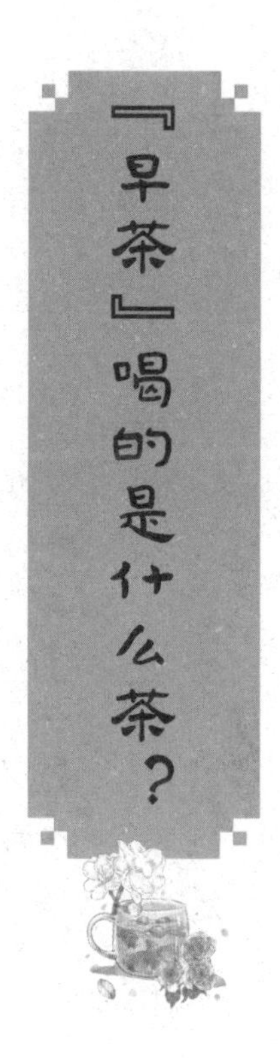

这一章咱们来说说茶。

你可能知道，广州人喜欢“喝早茶”。说是“喝早茶”，重头戏并不只是茶水本身，各种点心也是必不可少，比如虾饺、肠粉、叉烧包等等。在很多外地人看来，广式早茶就是早饭。

有喝早茶习惯的地方，不只是广州，扬州的早茶也很有名，同样也是茶配点心，就是点心的种类和广州的不一样。扬州人早茶的常用搭配有肴肉、烫干丝、煮干丝、蜂糖糕等。有机会去扬州的话，建议你早一点起床，去试试看。

过去的北京人，也有喝早茶的习惯。那些有钱有闲的人，有爱养鹦鹉的，会早起上街遛鹦鹉，有爱养鸽子的，

会一大早放飞鸽子，等这些清晨的活动都做完了，他们就会聚到茶馆来喝茶。老舍的名作《茶馆》中，就描写了许多旧日北京人喝茶的生活细节。不过，老北京人去茶馆喝茶，那可是纯粹为喝茶而喝，不像江南和广府那样搭配那么多精美的点心。过去的北京人只有在家里喝早茶时，才会吃点烧饼、油条、螺丝转儿之类的食物，当作早餐。

各地的早茶不光茶点不一样，茶水种类也不一样：北京人特别喜欢茉莉花茶；扬州有茉莉花茶，也有西湖龙井；广州茶水那种类可就多了，什么红茶、花茶、普洱茶、乌龙茶，都有。那么，这些不同的茶，区别在哪儿呢？是茶树的种类不同吗？

并不是。从植物学的角度看，这些茶的原料都是同一个物种，那就是茶树。茶树是山茶科山茶属的植物，原产于中国南方地区，可能在两千多年以前就被人拿来当饮料喝了。为什么要说可能呢？因为关于茶的早期文献资料留下来的很少，描写也不怎么详细，我们只能知道，当时的茶叶可以煮着喝。到了唐代，文字记录才多了起来，尤其是陆羽写的《茶经》，更是现存世界上最早的茶叶专著。

按现在的茶叶分类标准来看，唐代人喝的应该算是绿茶，因为按照《茶经》中的描述，唐朝的茶叶加工是把茶树嫩芽采下来后，通过蒸、捣、拍、焙、穿、封几个步骤，得到成品。后边的步骤我们都可以先放一边，就看这第一步——蒸。这是能让茶叶保持绿色的关键一步。

蒸和茶叶保持绿色有什么关系呢？你可以做个实验。找一些植物的叶子，撕破或者揉破后放塑料袋里，然后找个不碍事的地方把它放好，就什么也不用做了。过两天，你再去看，会发现叶子破口的地方变成了褐色。再放两天，你会发现，叶子变成了黑色。放的时间越长，变色的面积会越大。这是因为，植物细胞里有一些物质，接触到空气中的氧以后会发生化学反应，从而生成一些深色的物质。

这个变色过程，需要细胞中的一些酶参与反应。

茶树的嫩芽被采摘下来以后，一般会先装在筐里，它们在筐中反复相互磕碰，很容易导致叶片出现“伤口”。如果一直放着不管，在酶的作用下，茶叶的颜色肯定会越变越深，最后就变得彻底不绿了。但是，如果在茶叶刚采回来的时候，就给它加热，让细胞中的酶因为高温而失去活性，茶叶就能一直保持绿色。

著名的西湖龙井茶就属于绿茶，泡开以后茶叶碧绿，就跟刚从树上摘下来似的。所以，喝龙井讲究放在透明玻璃杯里喝，以欣赏这份绿意。

现代的绿茶，茶叶被采回来以后是放到锅里炒的；而唐代的茶呢，采回来是先蒸。不管是炒还是蒸，其实原理是一样的，都是把酶给“热死”。所以，按现在的标准，唐朝人喝的应该算是绿茶。

为什么要强调是“按现在的标准”呢？这是因为，唐代的茶和现在的绿茶除了颜色都是绿的以外，加工工序和喝法都有很大区别。唐朝人把茶叶蒸完以后，会先把它捣成泥，再拍成饼，烘干变成一个个烧饼似的“饼茶”，这才算成品。喝茶的时候，也不像现代人一样用开水沏，而是把茶饼放火上烤一会儿，烤完再碾成细细的粉末，用这个茶粉末加水来煮成茶汤，然后再喝。

这种喝茶方法，叫作“煎茶”。“煎”在这里是煮的意思，并不是用油煎。

到了宋代，煎茶慢慢发展成了“点茶”，喝茶时除了要把茶饼碾碎、磨细，还要过筛，得到很细的茶粉，然后把茶粉放到碗中，沏入热水，然后借助一种叫“茶筅”的工具，在茶水表面打出一层细小的泡沫，这才能喝。

再后来，点茶还发展出了“分茶”，也叫“茶百戏”，就是在茶汤沏好后，用专用工具在表面的泡沫上画画。陶穀在《清异录》中对分茶的描写是：“近世有下汤运匕，别施妙诀，使汤纹水脉成物象者，禽兽虫鱼花草之属，纤

巧如画，但须臾即就散灭，此茶之变也。时人谓之‘茶百戏’。”所以，分茶可是个技术活儿，既需要点茶的时候沏出绵密的气泡，又需要优秀的绘画技巧。

唐代的时候，有个叫空海的日本和尚坐船来到了中国。用现在的话说，他就是来访问留学的。空海和尚在中国生活了三年，回国的时候，把中国的茶文化也带回了日本，后来一直到宋代，随着中日文化的不断交流，中国的煎茶和点茶法在日本就慢慢发展成了茶道。直到今天，日本茶道都还带有唐宋茶的痕迹。比如，他们的那种绿色的抹茶，茶叶采回来以后，是上锅蒸，而不是炒；喝的时候也是先碾成粉，再用热水沏，和宋代点茶十分相似。

如果茶叶采回来以后不马上加热，而是放任它变色，会怎么样呢？那可能会得到红茶和乌龙茶。在这两种茶中，红茶的诞生时间早一些，有人认为是在元末明初，距离今天有七百年左右。从茶叶的分类上来看，红茶属于全发酵茶。不过，红茶的这个发酵，并不是严格意义上的发酵，它指的是叶子发生反应变色的过程，和发面、酿酒过程中的那种生物学意义上的真正的发酵反应不是一码事。

让茶叶彻底反应、彻底变色的过程叫全发酵，这样做出来的茶叶是黑色的，英文叫 black tea，直译就是“黑茶”，因为它沏出来的茶水是红色的，所以中文叫红茶。云南的滇红茶，就是一种典型的全发酵红茶。当地的茶园都在山坡上，茶农每天一大早就得爬山去采茶。采回来的茶叶先晾着，等晾到打蔫了，再用手搓，搓完了，再盖上盖子闷。这些工序都是让茶叶充分地发生化学反应，最后再炒干或者晒干，就能得到红茶茶叶了。各个地方产的红茶，生产工艺不完全一样，但原理都差不多。

如果把做绿茶和做红茶的方法结合到一起，就得到了乌龙茶。乌龙茶也叫青茶，诞生的时间比红茶晚，最早的详细文字记录见于清初王草堂所著的《茶说》，距离现在三百来年。乌龙茶属于半发酵茶，茶叶采回来以后，晾一晾、晒一晒，不等它完全变色就拿去炒，终止发酵的过程，就得到了半发酵的茶。

红茶和乌龙茶都是靠茶叶本身的酶去促进化学反应的，并不能算真正的发酵。那么，有没有靠微生物来变化，真正发酵的茶呢？也有，那就是普洱茶。

制作普洱茶的时候，茶叶采回来也要先拿去晒，晒完如果直接加工成干茶叶，那做出来的就是生普洱茶；如果晒完后堆在一起，让一些微生物在茶叶里生长、发酵，经过很长一段时间，就能做成熟普洱茶。人们所说的普洱茶，一般来说指的都是熟普洱茶。还有一种青柑普洱，是把普洱茶放到一种柑橘的皮里，然后再烘干或者晒干做出来的。

总结一下：如果茶叶采下来马上炒，让它来不及发生化学反应，来不及变色，那得到的就是绿茶；如果采下来不加热，让茶叶充分反应，得到的就是红茶；如果反应到一半拿去炒，那就得到了乌龙茶；如果采下来不马上加热，还让微生物帮助发酵，那一段时间后就

会得到普洱茶。

哎……那茉莉花茶呢？它算什么茶啊？

茉莉花茶其实是一种特殊的再加工茶。大概在南宋时期，开始有人用茉莉花来“熏”茶叶：把盛开的茉莉花和茶叶放到一起，可以让茶叶带上花香，这就是茉莉花茶。等到了清代后期，北方地区，尤其是北京，特别流行喝茉莉花茶，于是茉莉花茶这个产业越来越大，一直延续到今天。

说到茉莉花啊，我得多说两句。你可能听过一首歌叫《茉莉花》，挺好听的，很多欧美人都把它当作中国的代表歌曲之一。但其实茉莉花这种植物，老家并不在咱们中国，它是汉代打通了丝绸之路以后，才从亚洲西南部地区传来的。茉莉花到了中国以后，在南方广泛种植，大家都很喜欢它，这才有了后来的茉莉花茶和歌曲。

不管是绿茶、红茶、乌龙茶、普洱茶，还是茉莉花茶，总体来说都可以算是健康的饮料，因为它们既不含酒精，

也几乎没有糖和脂肪。不过，茶中含有一种物质，名叫咖啡因，让人又爱又恨。咖啡因对人体有很多效果，最典型的就是提神，让人能够保持兴奋状态，不容易犯困，这既有利也有弊：白天喝一杯茶可以提神醒脑；要是睡觉前喝了浓茶，那可就很难入睡啦。

经典之作

《茶馆》是老舍发表于1957年的话剧剧本，是中国当代戏剧舞台上首屈一指的杰作。曹禺认为，《茶馆》的艺术成就“前无古人，盖世无双”。作品展现了一幅旧北平社会的浮世绘，通过“裕泰茶馆”这样一个小小的角落，表现了从戊戌政变失败到抗日战争胜利近五十年来中国历史的变迁。画面广阔而丰富，笔力雄健，气魄宏大，风格幽默而严峻。

Hao Chi
de
Lishi

7

鸡蛋黄的颜色是染出来的吗？

鸡蛋的营养价值很高，《中国居民膳食指南》中建议，健康的成年人应该每天吃一个鸡蛋，而且要把蛋清、蛋黄一起吃掉。鸡蛋也分品质好坏。除了新鲜程度、个头大小这些因素外，有些人还很在意蛋黄的颜色，认为它和鸡蛋的品质有关系：颜色深的蛋黄更有营养。

其实，蛋黄的颜色跟鸡蛋的营养状况关系不大。真正影响蛋黄颜色的是色素。听到“色素”，很多人都会皱眉头，认为它不是好东西，不够“纯天然”。其实，色素的概念很宽泛。有的色素对人体健康有害，不能用于食品，但也有色素对人体无害，可以加在食物里。根据来源，我们可以把色素分成天然色素和人工色素。一种色素的来源是否天然，跟它是否有害健康没有关系，只要按照规定使用，色素就是安全的。

鸡蛋黄的颜色，就是被一类安全的天然色素染上去的，只不过完成染色工作的不是人，而是母鸡。母鸡下蛋的过程，其实就是排出卵细胞的过程。鸡蛋黄就是鸡的卵细胞，它在卵巢中发育成熟，在卵巢中被染上了颜色。成熟的鸡蛋黄从卵巢中被释放出来后，进入输卵管向下移动。在移动的过程中，输卵管会分泌出蛋清，裹在鸡蛋黄上。快到终点时，卵壳膜和蛋壳会先后包裹在蛋清之外，就这样，一枚完整的鸡蛋形成了。鸡蛋黄在输卵管中的变化虽然很大，却并不能改变它的颜色。

给蛋黄染色的物质叫作“类胡萝卜素”。它是一大类物质的统称，包括许多种类，颜色从黄色到橙色到红色都有。

鸡身体里的类胡萝卜素不是它自己制造的，而是通过食物吃进来的。几乎所有的植物都含有类胡萝卜素，只不过是分布位置和含量多少的差异。从名字就能猜到，胡萝卜里肯定富含类胡萝卜素。除此之外，像小米和玉米的黄色、胡萝卜的橙色、番茄和辣椒的红色，也都来自类胡萝卜素。

鸡吃的饲料大部分都是植物，这些植物组织中的类胡萝卜素就会把鸡体内的脂肪染成黄色。炖鸡的时候，鸡汤表面往往会漂着一层黄颜色的油，这层油主要就是从皮下脂肪中熬出来的。鸡蛋黄里同样有很多脂肪，那自然也就被染黄了。

既然鸡蛋黄的颜色是鸡自己“吃”进来的，那么，如果给鸡吃不同的饲料，鸡蛋黄的颜色会不会也跟着变呢？没错，当然会。现在市场上出售的鸡蛋，很多都来自养鸡场，养鸡场的饲养员完全可以通过改变鸡的饲料来调整鸡蛋黄的颜色。如果鸡吃的饲料里类胡萝卜素多，那么鸡蛋黄的颜色就会比较深。

在大部分消费者的观念里，鸡蛋黄就应该是黄色的，如果蛋黄的颜色特别淡，看着就让人不太有食欲。所以养鸡场的人有时会在鸡饲料里特意多加一些富含类胡萝卜素的植物，或者是直接往饲料里加类胡萝卜素，就能让蛋黄的颜色看起来更诱人。

比如说，有一种植物叫万寿菊，它是一种观赏花卉，在城市的花坛里经常见。万寿菊的黄色花瓣里就富含类胡萝卜素，人们把它提取出来，加到鸡饲料里来给蛋黄上色。在南美洲的一些国家，人们还会让鸡吃红辣椒，因为红辣椒的红色色素也属于类胡萝卜素，鸡吃了以后，生出来的鸡蛋就有橙红色的蛋黄。你可能会想，辣椒多辣啊，南美洲的鸡可够惨的。这倒是不用担心，因为鸡属于鸟类，而鸟类基本上都尝不出来辣椒的辣味，所以并不会被辣到。

所以说，用鸡蛋黄的颜色来判断鸡蛋的营养价值和新鲜程度，其实并不靠谱，鸡蛋黄的颜色只能反映出下蛋的

母鸡体内类胡萝卜素的含量多少。人体所需要的类胡萝卜素主要还是通过粮食、蔬菜、水果等植物类食材摄入，想要靠多吃鸡蛋去补充类胡萝卜素，效果可以说是微乎其微。

除了鸡以外，还有很多动物能把类胡萝卜素积累在脂肪中，比如家牛。它吃了草，草中的类胡萝卜素会积存在牛的脂肪里，把脂肪染黄。牛奶含有脂肪，从牛奶中提取的脂肪做的黄油之所以呈黄色，就是因为类胡萝卜素。

可是，为什么牛奶本身不黄，反而是白色的呢？这是因为，黄油在牛奶里的时候，分散成了一些非常微小的脂肪球，有些甚至小到直径不到 1 微米。1 微米是什么概念呢？我们通常用的直尺上面最小的一格是 1 毫米，1 微米就是 1 毫米的一千分之一。牛奶里的脂肪球比 1 毫米的千分之一还要小，别说用肉眼看了，就是放到普通的显微镜下看都很难看得清。而且，这些小小的脂肪球外边还有一层膜包着，黄油的黄色就被这层膜给遮住了，所以牛奶看上去就是白色的。

从牛奶里分离出黄油时，需要使劲搅拌牛奶，把脂肪球外面的膜给破坏掉，让里边的脂肪释放出来。脂肪和水不相溶，又比水轻，释放出来以后就会像鸡汤中的鸡油一

样浮起来，漂在牛奶的上层，形成一种黏稠的液体，英文叫作 cream，一般被翻译成稀奶油。稀奶油再经过加工，得到更纯的脂肪，就是黄油，英文叫作 butter，它在常温下是固体。

把 butter 翻译成黄油，在大多数情况下都是准确的，因为家牛在脂肪中积累类胡萝卜素的能力比较强，它们的奶做出来的黄油确实是黄的。但也有些家畜，比如山羊和水牛，它们的脂肪不怎么储存类胡萝卜素，所以它们的奶做出来的黄油并不黄，而是白色的。

而且，就算都是用家牛的奶做的黄油，颜色也并不完全一样。一般来说，用春天和夏天挤出来的奶做的黄油，黄色会比较深，而用秋天和冬天挤出来的奶做的黄油颜色就会浅一些。这是因为春天和夏天时，牛主要吃新鲜的草，草里的类胡萝卜素含量比较高，生产出来的黄油颜色就会更深。当然，春夏两季的草虽然看上去绿油油的，但其实只是叶绿素太多，把类胡萝卜素的颜色遮住了而已。

而到了秋季和冬季，牛一般只能吃干草，干草虽然看着黄，但里边的类胡萝卜素含量要比新鲜草少，所以这段时间做出来的黄油颜色浅。当然了，现在很多地方都是规模化养牛了，人们也会在秋、冬两季给牛补充一些类胡萝卜素，就也能得到黄色的黄油。

除此之外，很多藻类和细菌也能产生类胡萝卜素。俗话说，大鱼吃小鱼、小鱼吃虾米。虾米这样的小型动物如果吃了藻类和细菌，就会把类胡萝卜素积累在身体里，然后再一级一级地传给“小鱼”“大鱼”。三文鱼肉的橙红色就是这么来的。它们通过捕食小鱼小虾，把来源于藻类和细菌的类胡萝卜素积累到身体里，肌肉因此变红。有一种鱼叫虹鳟鱼，是三文鱼的近亲。虹鳟鱼的肉本来是白色的，但有些养殖场会在饲料里添加类胡萝卜素，这样出品的虹鳟鱼肉就是红色的，和真正的三文鱼很难区分。

前边说过，类胡萝卜素是一大类物质，包括很多种，每一种都有它们各自的名字，比如植物茎叶中的那些类胡萝卜素主要是叶黄素和 β－胡萝卜素，番茄果实中含有红色的番茄红素，红辣椒中有辣椒红素和辣椒玉红素。而给三文鱼肉带来红色的类胡萝卜素，主要是虾红素，也叫虾青素。从名字就能看出来，它肯定跟虾有关系。没错，虾和螃蟹的甲壳里也会积累这种物质，不过，在虾蟹活着的时候，它会跟其他物质结合在一起，呈现出蓝色。虾蟹下锅以后，那些蓝色物质遇热被分解，虾红素的红色就显露出来，虾蟹也因此而变红。

所以你看，我们日常吃的很多食物中都含有色素，不管是天然色素，还是人工合成色素，只要是按规定添加，就不会对健康造成损害。只要注意挑选正规厂家的产品，就可以比较放心了，而那些不正规厂家生产的“三无产品”，连基本的食品卫生可能都保证不了，不管有没有添加色素，都会给消费者健康带来很大风险，当然不能去买啦。

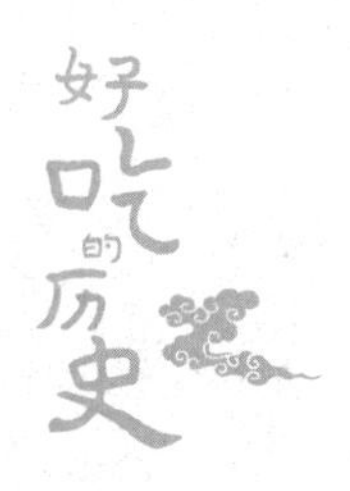

Hao Chi
de
Lishi

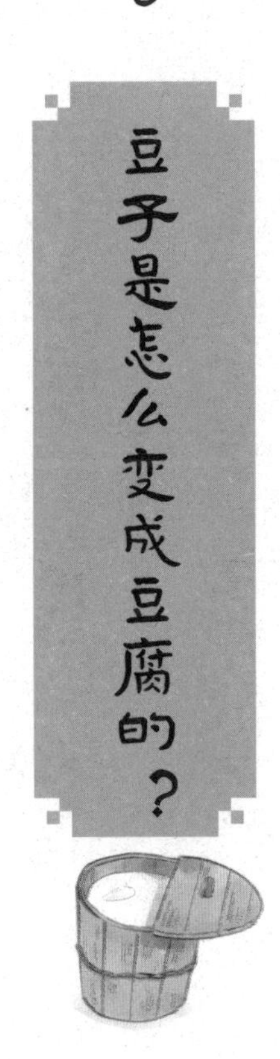

8 豆子是怎么变成豆腐的？

扬州人喝早茶的时候，经常会吃煮干丝或者拌干丝。所谓“干丝”，其实就是切得特别细的干豆腐丝，属于豆制品。在全国各地的餐桌上，豆制品的身影可以说随处可见，种类和吃法都特别多。比如豆浆。在北京，人们喝豆浆时如果要放调料，一般只会放白糖，是甜的；而在上海，豆浆有甜有咸，甜的也是加白糖，咸的就会放榨菜、虾皮、酱油、小葱什么的，佐料特别丰盛。

在各种豆制品中，最常见的有豆浆、豆腐脑、豆腐。可以说，这三种是豆制品的三兄弟。为什么管它们叫三兄弟呢？因为，它们的原材料都是大豆和水，只不过“出生”的先后顺序不一样。

最早出生的是豆浆。它的制作过程最简单：把大豆放在石磨里，加上水磨成浆，就成了豆浆。要想做豆浆，得有两样东西：一样是大豆，一样是石磨。大豆这种植物，原产地就在中国，春秋战国时就普遍种植了，属于“五谷”之一。只不过大部分情况下，它的排位不怎么高。古书中，“五谷”的说法有好几个，有的书里写的是稻、黍、稷、麦、菽，也有的书里写的是黍、稷、麦、菽、麻。这里的“菽”，指的就是大豆。

大豆虽然在五谷中排名不太靠前，但它的营养价值可完全不次于另外几种作物。直到今天，大豆在农业生产中的地位也很难被取代。因为大豆和水稻、小麦、小米等粮食作物相比，最突出的特点是蛋白质和脂肪的含量高。人体需要的营养物质有六大类，分别是糖类、脂肪、蛋白质、水、无机盐、维生素，其中能够提供能量的有机物是前三种。水稻小麦等粮食作物主要能提供的是淀粉等糖类物质，蛋白质和脂肪的含量不高，而大豆完美地弥补了它们的缺点，依靠丰富的脂肪和蛋白质受到人们的重视。

不过对于古人来说，大豆虽然属于“五谷”之一，比起那些粮食作物，还是有一些明显的缺点。比如说，生大豆因为有轻微的毒性，必须要用水泡过，加热之后才能吃，费时费力；先秦时代的粮食吃法比较单调，要么是蒸饭，要么是煮饭，大豆这么做熟以后，一点都不好吃。正因如此，大豆在“五谷”中排名不高。

而且，一粒大豆，比一粒大米、一粒小米的个头大得多。这就意味着，煮大豆需要花更长的时间，特别费柴火。你别小看这个问题啊，现代城市人家里做饭，要么用天然气，要么用电，供应很充足，价格也不贵，但在古代，燃料短缺一直是个大问题。要不怎么有个职业叫樵夫呢？他们专门上山去砍柴卖给别人。

既然煮大豆又费时，又费力，还不好吃，也就不值得消耗那么多宝贵的柴火去煮。《七步诗》中第一句是“煮豆燃豆萁”，豆萁就是大豆的茎秆，看看，豆子下锅煮的

时候都不配用柴，拿豆秆凑合烧烧得了。据考证，这首诗应该不是曹植的作品，出现时间也比曹植生活的年代晚了大约 200 年。也许从这个角度讲，直到那个时候，煮豆子都还不太受人欢迎呢。

春秋战国之后的很长一段时间，大豆虽然是比较重要的作物，但很少作为粮食来食用，主要是穷苦人吃。《礼记》《孟子》等书中有一个说法“啜菽饮水”，就是用来形容人生活清贫。古代军队里缺粮的时候，也会用它给士兵填饱肚子，再有就是拿来喂马了。不过，如果不当粮食吃，那大豆还是挺不错的，因为它能做成豆酱和豆豉，都是很受欢迎的调味品，而且叶子也可以作为蔬菜食用。

大豆的吃法变得丰富起来，和石磨的出现有着密不可分的关系。中国最早的石磨出现在秦汉时期。河北保定的中山靖王墓里，就发掘出了一台石磨，结构和现代的石磨差不多，用来磨豆浆很合适。只不过因为没有文字记载，我们不能说汉朝人真的会用它磨豆浆喝。

不管怎么说，有了石磨，就有了磨豆浆的设备。大豆富含蛋白质和脂肪，如果把豆浆磨好以后搁那儿放着不动，它里面的蛋白质就会慢慢地沉淀下来，凝结成非常软嫩的固体，这就是豆腐脑，豆腐三兄弟里的老二。

豆浆自然沉淀的过程很慢，所以人们会采用一些加速的手段。比如，把豆浆加热煮沸，以及添加凝固剂。最常见的传统凝固剂是石膏和卤水。石膏是一种矿物，卤水是从海水里提取食盐后剩下的液体，有毒，不能喝，只能拿来点豆腐，卤水只需要放一点点，就能让豆浆快速沉淀、凝固。另外，四川、云南等地还有酸水豆腐，用的是发酵后得到的酸性浆水，从而让豆浆凝固。而超市里常见的盒装内酯豆腐，所使用的凝固剂既不是石膏，也不是卤水，而是葡萄糖酸内酯。

豆腐脑虽然已经凝成了块，但它的含水量依然很高，所以又软又嫩，很容易碎掉。卖豆腐脑的店家，一般都会用大桶装豆腐脑，等有人来买时，再把豆腐脑从桶里轻轻

舀出来，放进碗里，动作不能太大，否则豆腐脑就碎了。如果把豆腐脑中的水分去掉一些，那就能得到三兄弟中的老三——豆腐。

给豆腐脑“放水”时，需要先有个模子。这种模子的形状一般跟箱子差不多，先在模子里边垫上一层布，再把凝固好的豆腐脑倒到布上包起来。这层布就相当于过滤网，把水分滤掉，留下固体成分。包好以后，要再用大石头之类的重物使劲压，把水分给挤出去。就这样，一块豆腐诞生了。

你可能也感觉到了，做豆腐的工艺流程并不复杂。那么，中国是从什么时候开始有豆腐的呢？流传最广的说法认为，是西汉的淮南王刘安发明的豆腐。直到今天，豆腐还是淮南的一大特产。可是，这个说法有点问题。

淮南王刘安和中山靖王刘胜是同一时期的人，在他们生活的年代，中国虽然已经有了石磨，也有大豆，但没有证据能证明当时有豆浆和豆腐。在现存的古书里，关于豆腐最早的文字记载，出现在唐代之后的五代十国时期；而刘安发明豆腐的说法呢，要到更晚的宋代才出现。所以，豆腐的发明时间，只能说是在汉唐之间。

也有人持反对意见，证据就是河南的两座东汉古墓中出土了一些壁画，其中有一幅画得很像制作豆腐的场面。果真如此的话，那么东汉时期就应该已经有豆腐了。不过这个结论也存在很大争议，有人认为壁画上画的不是做豆腐，而是酿酒。但不管怎么说，豆腐的历史都非常悠久了，就算是到了五代十国时期才出现的，那到现在也已经有一千多年了。

在咱们的餐桌上，还有一些名字里带豆腐的食物，确实和豆腐有关系。像豆腐丝、豆腐干、炸豆腐，都是用豆腐直接加工出来的。豆油皮、腐竹则和豆浆有关，煮豆浆的时候，豆浆表面会结出一层膜，把那层膜挑出来，摊平了晾干就成了豆腐皮；如果挑出来卷成卷儿晾干，那就成了腐竹。

还有一些食物，名字叫“某某”豆腐，但其实和豆腐没关系。比如说鱼豆腐，是用淀粉、鱼肉等材料做成的，只是因为形状像豆腐，所以叫鱼豆腐。还有一种千叶豆腐，它的制作原理和豆腐差不多，但原材料用的是淀粉和大豆蛋白粉，并不是用大豆直接做的，不能算是豆腐了。再比如日本的玉子豆腐，它其实是用鸡蛋做的，本质上就是一种鸡蛋羹，并不是豆腐。

人物小传

曹植（192—232），三国魏诗人。字子建，沛国谯县（今安徽亳州）人。曹操第三子。因富于才学，早年曾被曹操宠爱，一度欲立为太子。及曹丕、曹叡相继为帝，备受猜忌，郁郁而死。诗歌多为五言，前期之作多抒写人生抱负及宴游之乐，也有少部分反映了社会动乱；后期诸作集中反映其受压迫的苦闷和对人生悲观失望的心情。其诗善用比兴手法，语言精练而辞采华茂，对五言诗的发展有显著影响。也善辞赋、散文，《洛神赋》尤著名。

Hao Chi
de
Lishi

9

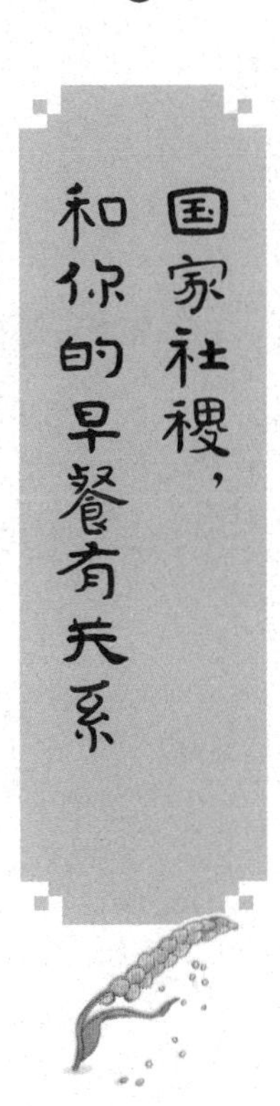

国家社稷，和你的早餐有关系

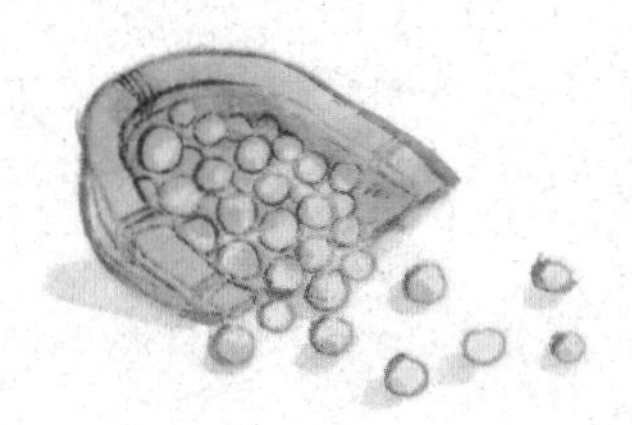

前一章已提到，“五谷”在古时有几种不同的说法。它们的差别实际上并不是很大，加到一起总共只提到了六种农作物：麻、稷、稻、麦、菽、黍。

在这六种作物里，只有麻不是主要的粮食作物，它的主要作用是出产纤维，用来制作麻布、麻绳，次要作用才是生产种子榨油食用，另外五种则都是粮食作物。稷是小米，稻是大米，麦是大麦和小麦的统称，菽是大豆，黍这个东西，我国南方地区相对比较少见，北方多一些，一般被叫作黄米。

黄米的籽粒外形长得有点像小米，但是尺寸要大一些，和大米差不多大。黄米的籽粒有黏和不黏之分。黏的黄米也叫黍子或软糜子，在我国西北地区常被用于酿酒或者制作炸糕、枣糕、黄馍馍等主食。不黏的黄米一般被称作糜子或者硬糜子，北京、天津有一种小吃叫面茶，就是用糜子面加水熬出来的。

要问五谷里头最重要的是哪一种，现代人可能会犹豫，因为有人认为是稻子，也有人认为是麦子。但要是拿去问宋代以前的古人，十个有九个都会回答是小米。在五谷的各种版本，以及“六谷”“九谷”中，小米的排名都很靠前。

小米之所以这么重要，是因为它曾经是我国北方人的主粮。别看现在咱们不怎么吃小米了，也就是偶尔拿来熬个小米粥喝，但是在汉代以前，北方人几乎是每天、每顿饭都吃小米饭。你可能会问：“怎么不吃大米饭啊？”因为那时候北方很少有大米，大米大多是南方人吃的。五谷里其他的粮食就更比不上小米了，什么黄米、大豆、麦子，在当时的粮食界里，都只能算配角，只有小米才是主角。

古时候小米的名字有很多，如果不限定场合，它一般

被叫作“粟”。很多人上学时第一次见到“粟”字，基本都是在小学语文课上学到的诗句中：“春种一粒粟，秋收万颗子。四海无闲田，农夫犹饿死。”这首诗出自唐代李绅的《悯农二首》，两首诗中的另外一首更出名：“锄禾日当午，汗滴禾下土。谁知盘中餐，粒粒皆辛苦。”“锄禾”中的这个“禾”字，最开始指的也是小米。

在甲骨文里，禾字的写法就是一株成熟后谷穗向下耷拉的小米。可是，甲骨文的写法那么抽象，怎么就能确定是小米而不是水稻、小麦呢？汉代的《说文解字》给我们提供了线索。《说文解字》就相当于当时的字典，书里说“禾”是二月发芽、八月成熟，这和当时其他农业书籍里对小米的描述是能对上的。所以我们能基本确定，直到汉代，“禾”字应该都特指小米这一种植物，之后才泛指各种农作物。

除了“粟”“禾”这两个字，五谷的“谷”字也跟小米有关系。这个字，本来泛指带壳的粮食，但因为小米对古人来说太重要了，所以大家说到“谷”的时候，经常就特指小米。久而久之，谷子就成了小米的俗名了，直到今天，大家还会管小米叫谷子。

在《中国植物志》里，小米的中文正式名叫作“粟”，这个说法完全没问题，但它又说稷和黍是同一种植物，这就错了。只不过这不是《中国植物志》的编者自己犯的错，而是从明代的《本草纲目》就开始错了。

北魏时期的《字统》中曾明确说道，“稷属谓之穗谷，黍属谓之散谷”，意思是稷的果序攒成穗，而黍的果序是散开的。而小米正是果序成穗，黄米也正是果序松散。而且《管子》中提到稷是在冬至日后七十五天开始种植，相当于农历的二月，与小米的播种期相符。所以，稷应该是小米而不是黄米。

事实上，“稷”的本意，指的还不是随随便便的什么小米，而是出现在古时一种正式场合中的小米。这个场合，指的就是祭祀的场合。古时候的人比较迷信，认为世间万物都有各自的神灵来管辖，需要定期祭祀，来祈求神灵保佑自己。在古代，对于一个国家来说，土地和粮食总是最重要的，所以，上至君王，下至百姓，都要定期去祭祀土地神和粮食神，祈求国家太平、粮食丰收。

可是，世界上并没有神。古人在祭祀的时候，就需要找一个东西来代表神接受祭祀，其中，用来代表粮食神的东西，就是小米的谷穗。饱满的小米谷穗意味着粮食丰收，用它来代表粮食神，挺合适的。在这种时候，代表粮食神的小米，就被叫作“稷”，而土地神被叫作“社”，它俩合在一起，就组成了一个词“社稷”，后来就被用来指代国家。直到今天，我们在说到国家时，还会用到“江山社稷”这个词。

祭祀的这天，就叫“社日”。在唐宋时期，社日分为春社和秋社，是当时的重要节日。到了社日，家家户户杀鸡宰羊做好吃的，大人不工作了，小孩也不上学了，全都出门玩去，可热闹了。“社会”这个词，最早就是指社日的庆祝活动。“社”字的这个用法一直保留到了今天，比

如很多地方逢年过节时有“社火”，鲁迅也写过他们家乡绍兴的“社戏”，这些词中的“社”，都和“社日”中的“社”同源。

其实，“社稷”一词中，不光是“稷”字和粮食有关，“社”字也和粮食有关系。具体来说，是跟五谷里的大米，也就是稻子有关。也许你会猜，这是在说土地能种出大米。不好意思，你猜反了，事实上是大米“种”出了土地。确切地说，某一种特殊的土壤是人们在种大米的过程中种出来的。这种土壤是灰绿色的，所以被叫作“青土”。

北京的中山公园中，有一个景点被老百姓俗称为“五色土”——一个方方正正的台子，上面按照东西南北中的方位，铺陈了不同颜色的泥土。这里在明清时叫“社稷坛”，是皇帝祭祀“社稷”的地方，上面的五色土象征着不同方向的国土，也代表了土地神。其中代表东方的，就是青土。

青土在土壤学的分类里，属于水稻土，通常用来种水稻。水稻出产的粮食，就是大米。水稻原产于长江中下游一带，是咱们中国土生土长的作物，栽培历史差不多有一万年。野生的稻子喜欢生活在水边或者浅水环境里，所以被大家叫作水稻。与之对应的还有旱稻，指的就是那些能够在旱地种植的品种。人们种水稻的时候，也得模拟它

喜欢的生长环境，所以要在田里放水。

在水稻的老家，长江中下游地区，红土十分常见，“五色土”中也用红土来代表南方。这种土中含有三氧化二铁，三氧化二铁正是红色铁锈的主要成分，所以土是红色的。人们要在红土地上种水稻，就需要往田里灌水，红土就一年到头都淹没在水里了。土里的三氧化二铁在这种环境下慢慢发生了化学反应，生成了浅绿色的氧化亚铁等物质，青土就这样诞生了。

所以说，青土和大米一样，都是水稻种植的产物。社稷坛、五色土里的青土，就是种大米种出来的。不过呢，青土虽然出自水稻田，但它实际上并不太适合水稻的生长，所以，青土稻田的大米产量并不高。到了今天，农作物已经有了新的种植技术，水稻田里也用上了更好的土，青土倒是不那么常见了。水稻却依然是我国最重要的粮食作物之一，活跃在人们的餐桌上。

经典之作

《说文解字》，文字学书，东汉许慎撰，书成于东汉建光元年（121 年），是中国第一部系统分析字形和考究字源的字书，也是世界最古的字书之一。收字 9353 个，重文 1163 个。按文字形体及偏旁构造，分列 540 部，首创部首排检法。字体以小篆为主，有古文、籀文等异体，则列为重文。每字下的解释，大抵先说字义，再说形体构造及读音，依据六书解说文字。

10

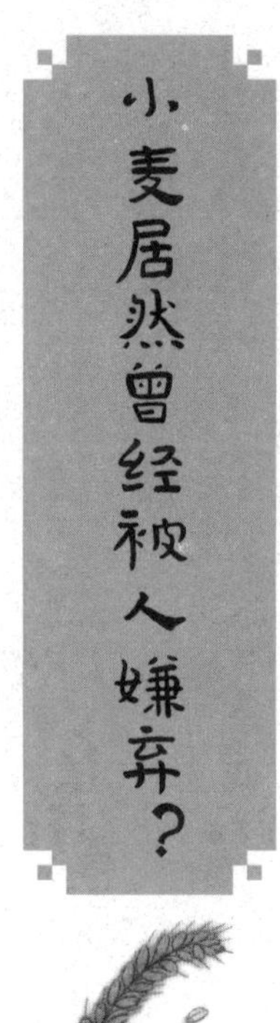

小麦居然曾经被人嫌弃？

在我国古代的很长一段时间里，最重要的粮食有两种，北方的是小米，也就是古书中说的粟和稷，南方的则是大米，来自水稻。到了今天，大米在南方仍然被广泛食用，但北方的主要粮食作物已经从小米换成了小麦。曾经有个说法叫“南稻北粟”，现在早已改成“南稻北麦”了。从现代人的角度来看，由小麦加工而成的面粉可以用来做馒头、烙饼、面条，都挺好吃的，吃法要比小米丰富得多。但其实，直到三国时期，小麦的地位都不太高，甚至还曾被人嫌弃过。

小麦这种植物其实是个杂交种，而且是几种野生植物的杂交后代。有研究表明，大约在五十万年前，野生的乌拉尔图小麦和拟山羊草发生了杂交，生成的后代叫作“二

粒小麦”；后来，二粒小麦又和节节麦发生杂交，生成了普通小麦。我们现在吃的各种栽培小麦，基本上都属于普通小麦，它的那些野生祖先中，只有二粒小麦在欧洲和亚洲西部地区还有规模化种植，一般被叫作“杜兰小麦”，主要用于制作意大利面。

跟后来的栽培小麦比起来，野生的小麦祖先有一个最大的特点，那就是成熟以后，它们的麦粒会自己脱落，落到地上生根发芽。人要是想吃野生小麦粒的话，就得趴在地上一粒一粒捡，特别麻烦。而栽培小麦就不一样了，它们的麦粒成熟以后会留在麦穗上，不往下落。其实，这个特点对栽培小麦繁殖后代是有害的。麦粒里头有种子，它不落地，还怎么生根发芽，长出新的小麦呢？但这个特点对人类来说是好事，因为只要摘下麦穗回去加工一下就能得到麦粒，很方便，不用一粒粒捡了。

于是，这些栽培小麦后来就成了农作物，人类在种小麦的时候，帮着它把播种的工作给做了，还给它浇水、施肥、除草。小麦能够顺利繁殖后代，人类也能填饱肚子，拿现在的话来说，那就是“双赢”啊。

小麦的老家在亚洲西部，就是现在伊拉克和叙利亚那一带，大约在一万多年前被驯化成了农作物。后来随着文化的交流，小麦被传播到了世界各地，其中也包括中国。传来的时间最迟距今四千年前，因为在四千多年前的龙山文化遗址中，出土了不少古代小麦。

不管是小麦、稻子、小米，还是黄米，以及晚一些传来的高粱和玉米，它们在植物学上论起来，都是亲戚。小麦所在的家族是禾本科。禾本科的植物有个特点，就是果实的果皮和种子贴得特别紧密，很难分开。不管是麦粒、稻粒，还是玉米粒，实际上全都是果实，而不是种子，在植物学中一般会被称作“籽粒”。小麦曾经被人嫌弃，就和它籽粒的特点有关。

在两三千年前，咱们的老祖宗吃小麦、大米、小米、黄米的时候，做法都一样，就是洗干净后加上水，放锅里蒸或者煮，和现在做米饭差不多。这样做出来的饭都是一粒一粒的，所以古人管这种饭叫“粒食”。

在几千年前古人的观念里，吃不吃粒食，可以作为区分不同族群的标志。凡是吃粒食的，都是华夏子民，因为当时的中原文明是农耕文明，麦子、稻子这些粮食，都是种地种出来的。春秋战国时期的思想家墨子，就用“四海之内，粒食之民”来指代当时的全国人民。而当时中原周边的一些地区，主要依靠狩猎、捕鱼、放牧来获取食物，很少种地，自然也不怎么吃粒食，在古代的中原人眼中，这些地区的人和自己不一样，是外人。

当然，用不同粮食做出来的粒食，味道和口感也有很大区别。大米饭和小米饭，吃起来能一样吗？大米、小米、黄米的籽粒外皮都比较薄而光滑，也比较容易去掉，加工完再蒸熟，口感相对顺滑一些。可是小麦不一样，它的籽粒的外面是一层粗糙的硬皮，特别难去掉，蒸饭的时候只能连着皮蒸，所以吃起来会觉得嘴里扎得慌，粗糙到难以下咽。

这么难吃，古人就不想点法子吗？当然会想！他们发明了一对工具，其中一个叫“杵”，是一根粗棍子，一个叫“臼”，相当于一个结实的碗。你可能想到了，这不就是现在用来砸蒜的那个东西吗？没错，就是它，只不过尺寸不一样。古时候用来加工粮食的杵和臼，要比砸蒜用的蒜臼子大很多。尺寸大了以后，用手拿着杵去砸就会很费力，于是古人利用杠杆原理对它进行了改造，进而发明了一种大号杵臼——碓（duì）。人们在使用碓时，不需要用手举着杵，而是用脚踩，所以碓也叫“践碓”。

用杵臼把麦粒砸碎之后再蒸出来的饭，会比直接蒸出的麦饭好吃一点，但也只是一点点。要是和大米饭、小米饭比起来，那还是挺难吃的。而且，砸麦粒这个工作是个辛苦的力气活儿。所以，小麦这种粮食加工起来又累，做出来的东西又不太好吃，自然就有点招人嫌弃。

而且，谷物在加工过程中，都会有一部分重量损耗。对于那些衣食无忧的人来说，吃什么粮食，如果只看自己的口味的话，他们自然就会选加工精良的米、麦。而对于广大的穷苦人来说，能填饱肚子就已经很不错了，所以他们宁可选择难吃但是量大的糙米、糙麦。古时候有人说小麦是“野人农夫之食”，换句话说就是，穷苦人才吃这玩意儿，有身份的人不吃。

《后汉书》里记载了这样一个故事。东汉时期，有个名叫井丹的学者，很有学问，但为人清高，从不和人来往。就连那些王公贵族设宴邀请，他都不去。汉光武帝刘秀的皇后叫阴丽华，她有个弟弟叫阴就，被封为信阳侯，这可是名副其实的皇亲国戚。有一次，阴就想要戏弄一下井丹，就把井丹生拉硬拽到自家的宴席上，却只给他端上来小麦饭和葱叶。井丹很生气，当场表示不满，主人这才拿出丰盛的美食款待他，井丹这才顺顺当当地吃完了一顿饭。你

看，这小麦饭就有这么难吃，都能用来气人呢。

小麦这么不受待见，但古人还舍不得抛弃它。因为小麦的成熟时间，正好和其他粮食岔开。在古代，小麦成熟于初夏季节。此时，其他的粮食都还没收成，小麦就已经成熟了。古时候的粮食产量要比现在低很多，饥荒时不时地就会出现。所以，为了不挨饿，老百姓该种小麦还是得种小麦。

西汉有个叫董仲舒的大臣，曾特地跟汉武帝说，关中（就是现在陕西的中部地区）人不爱种小麦，建议汉武帝派人去民间劝大家种小麦。董仲舒的这句话，隐含了两个问题。第一个是，为什么当时的人不爱种小麦。这个很好回答，小麦不好吃嘛。第二个问题是，同样是陕西，为什么现在的陕西人，又特别喜欢吃面食了。

这是因为，咱们现在吃的面食，是用面粉做的。前边说了，古人为了让小麦饭变得好吃一点，会用杵和臼把麦粒砸碎后再蒸。后来又有人发现，麦粒中间的部分不结实，很容易被砸成粉，而粉的味道会好吃很多。所以需要把麦粒弄得特别碎，再筛一筛，就能把难吃的外皮给去掉了。麦粒砸成的粉就是面粉，扔掉的外皮就是麦麸，也叫麸皮。

光靠杵和臼，把麦粒变成面粉还是挺费力的，这就需

要用到另一种工具：石磨。石磨能把大豆磨碎，是人们用来做豆浆的重要工具，也能把麦粒磨成面粉，效率还很高。有了石磨以后，大家就越来越爱吃小麦了。到了东汉时期，洛阳城中到处都有卖面饼的，大家很喜欢吃。

现在，咱们倒回去看井丹赴宴的故事，就更能体会井丹的心情了：满大街都在卖好吃的面饼，你还端这么难吃的麦饭上来，这不是明摆着看不起我吗？

汉朝的石磨，还得靠人或者牲畜来拉，效率还不够高。到了三国末期，有人发明了水磨，用河水流动时产生的冲击力来推动石磨，这样一来，效率就高多了。到了唐代，水磨在全国各地都普及了，还出现了专门替人磨面的地方，就是磨坊。这样一来，小麦也就越来越普及，慢慢成了人们的日常食物。唐代诗人白居易还写过一首诗，叫《观刈（yì）麦》，写的就是人们收割麦子的事，诗一上来就说“田家少闲月，五月人倍忙”。这首诗写的是现在陕西西安一带的事，这说明，当时小麦已经是北方常见的农作物了。

到了今天，不管是小麦的种植技术还是加工技术，都有了长足的进步，面粉早已摆脱了小麦产区的限制，能用来制作大江南北的各种美食。而在古代被认为是“减分项”的麦麸，又因为含有丰富的赖氨酸、维生素和膳食纤维，成为人们餐桌上的新宠，出现在售价更高的健康食品里。井丹要是看到这个情景，想必是会十分吃惊吧！

人物小传

苏轼（1037—1101），北宋文学家、书画家。字子瞻，号东坡居士，眉州眉山（今属四川）人，“唐宋八大家”之一。其文汪洋肆意、明白畅达；诗清新豪迈，善用夸张比喻；词开豪放一派，对后代很有影响。《念奴娇·赤壁怀古》《水调歌头·丙辰中秋》传颂甚广。

身为中国历代文人从政的标志性人物，苏轼仕途历尽艰辛，屡遭迫害，却终不改其乐观的天性。林语堂认为，苏轼是一位“秉性难改的乐天派，是悲天悯人的道德家……具有一个多才多艺的天才的深厚、广博、诙谐，有高度的智力，有天真烂漫的赤子之心”。其人格精神所体现的进取、正直、慈悲与旷达，千年来始终闪耀在中国历史的天空。

11

古人爱吃的神『米』，我们当菜吃

听到“感染”“寄生”这些词，你会想到什么呢？我猜，应该是些不太好的事。没错，不管是人还是其他生物，感染了病原体以后，大多都会生病，健康受到影响，不是什么好事。可是，有这么一种蔬菜，必须得是植物得病后才能长出来。这种蔬菜的名字叫作“茭白”。

茭白这种植物，在植物学中的正式名字叫“菰（gū）”。菰在古时候也叫“蒋”，跟作为姓氏的“蒋”是同一个字。蒋这个姓，来源于周朝早期的蒋国，位置大约在今天的河南省境内。有人考证后认为，蒋国这个名称的来历，就是因为当地沼泽河流众多，生长着很多蒋（菰），后来才慢慢演变成了地名。

可是按照常理推断，一个地区的植物不会只有一种，肯定还有很多其他种类，人们为什么偏偏挑“蒋”这一种来代表这个地方呢？最可能的原因就是，这种植物和人们的生活关系特别密切。

菰是一种禾本科的水生植物，和水稻、小麦、小米都是亲戚，长得挺高大，能有一人多高，根扎在浅水的泥里，茎和叶露出水面。它的叶子又长又结实，可以用来编席子，也能用来铺房顶，最重要的是，它的籽粒能当粮食吃，叫作“菰米”。所以，菰简直浑身都是宝。

菰米的外形和普通的大米差别很大，形状又细又长，外皮是黑褐色的，里头才是白米粒。唐代诗人杜甫曾写过一首诗，叫《行官张望补稻畦水归》，里面有这样两句：“秋菰成黑米，精凿传白粲。”意思是说，菰米的外皮是黑色的，去掉外皮以后，里面雪白雪白的米粒就露出来了。菰米的脱粒方法，和水稻、小米、麦子都不一样，因为它籽粒细长，如果用碓去舂或者用磨去碾，都很容易碎掉。《齐民要术》中记载说，菰米脱粒时，要放进皮口袋里，再往口袋里加入一些碎瓷片，放在板子上揉，这样外皮就能被瓷片蹭下来了。

菰米还有个名字叫“雕胡米”。这个名字是怎么来的呢？在古代，“胡”和“菰”这两个字读音相近，所以经常混用。至于“雕”字，古人的解释可就多了。明代李时珍认为“雕”通“凋谢”的“凋”，指的是菰在秋天万物凋零时成熟。可是，也有很多人不同意李时珍的观点，因为秋天成熟的作物不止菰一种，为什么只有它名字里有“雕（凋）”字呢？他们认为，“雕”指的是鸟类，因为菰长在水里，有许多水鸟都喜欢吃它。

关于雕胡米名字的来历尚有争议，但关于它的味道，古书的记载却都比较统一。从这些书里的描述看，雕胡米应该挺好吃的，而且在人们心目中的地位并不低。还记得前面提到的“五谷”吗？古时候不光有“五谷”的说法，还有“六谷”“九谷”。“六谷”和“九谷”就都有菰。西汉文学家枚乘写过一篇长文，名叫《七发》，其中一段列举了许多“天下之至美也”的美食，其中就有“安胡之饭”。后人经考证认为，“安胡之饭”指的就是雕胡饭。唐代的诗人王维和杜甫也分别写过“香饭青菰米，嘉蔬绿笋茎”和“滑忆雕胡饭，香闻锦带羹”的诗句。

汉代以前的人，主要食用野生的雕胡米，从汉代开始，出现了人工种菰取米的记载。《西京杂记》中有记载：有个名叫顾翱的人，幼时丧父，对母亲非常孝顺，因为他的母亲爱吃雕胡饭，他就在家中挖沟引水，把野生的菰引种到家里，生产出雕胡米来给母亲吃。

看到这里，你是不是也想尝尝雕胡饭的味道呢？这有点难办，因为真正的雕胡米已经见不到了。不过，菰这种植物还有一个住在北美洲的亲戚，叫作“美洲菰”，它结出来的米，和雕胡米差不太多，是北美原住民常吃的食物。当地人处理美洲菰的方法，和我国古人有异曲同工之妙，也是把菰米放进袋子里，借用外力使其脱粒。只不过美洲人是用脚踩的方法来让它脱粒的。由美洲菰出产的这种菰米，现在在我国也有出售，商品名叫作“野米”，味道和口感与菰米可能不完全一样，但也只有它和菰米最接近了。

那么，这么好吃的雕胡米，为什么现在就没有了呢？是因为这种植物病了。具体来说，它感染了一种真菌，叫“茭白黑粉菌”。这种菌和我们常见的霉菌有点类似，也有细长的菌丝。这种菌感染植物后，菌丝就会在植物的茎中生长。被茭白黑粉菌寄生了的菰，茎干就会变得又粗又大，看着有点像竹笋或者杏鲍菇，因为连颜色也变白了，所以就有了一个名字，叫“茭白”。

古人觉得茭白的样子有点像小孩胳膊，所以也叫它“菰手”，意思是“菰的手臂”。有时候，“手”也会被写错成“首领”的“首”。

如果你把新鲜的生茭白切开，经常能发现切面上有一些小黑点，这些黑点就是茭白黑粉菌的孢子所集中的位置。孢子是真菌等生物产生的生殖细胞，类似于植物的种子，可以长成新一代的生物体。

菰在感染了茭白黑粉菌以后，发生的变化主要有两个：一是茎变粗、变大，变成了茭白；二是不再能正常开花结果，也就结不出雕胡米了。所以说，你要是种了菰，得到的产

物可能有两种：雕胡米或者茭白。但只能二选一，要么是让它健健康康地结出雕胡米，要么是让它感染茭白黑粉菌，长出茭白来。

大约从宋代开始，人们更加看重茭白，抛弃了雕胡米，雕胡米也就逐渐从人们的餐桌上消失了。嗯？不是说雕胡米很好吃吗？古人为什么要选择茭白、抛弃雕胡米呢？原因有好几个。首先最重要的是，茭白作为蔬菜，也挺好吃的。菰的茎被茭白黑粉菌寄生以后，会变得脆嫩多汁，同时还含有不少糖和氨基酸，吃起来有鲜甜味。

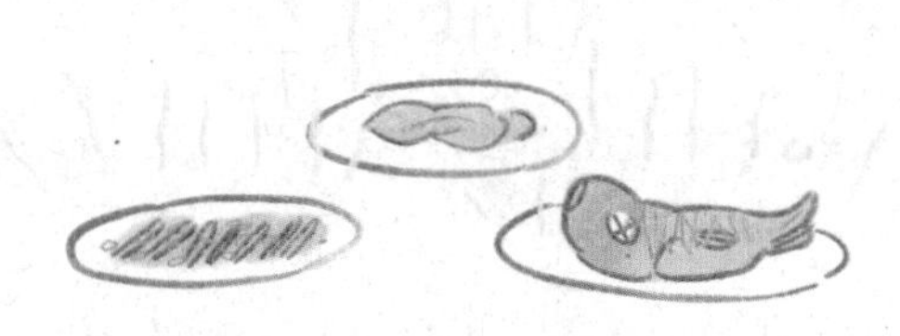

南宋的辛弃疾曾创作过一首极负盛名的词——《水龙吟·登建康赏心亭》。其中，有一句是："休说鲈鱼堪脍，尽西风，季鹰归未？"这里面有一个典故。"季鹰"是西晋时期的著名文学家张翰的字。张翰曾经在齐王司马冏的手下做官。有一年秋天，他面对乍起的西风，突然怀念起老家的三种美食，分别是菰菜、莼菜汤和鲈鱼。菰菜就是茭白，莼菜是一种水生蔬菜，鲈鱼就是现在我们说的海鲈鱼。张翰越想越馋，干脆就辞了官，回老家吃好吃的去了。也正因此，他躲过了“八王之乱”中朝堂的动荡，得以善终，还留下了一个成语，叫“莼鲈之思”，形容思念故乡之情。后人多半只记得莼菜和鲈鱼，但其实张翰在思念家乡美食的时候，第一个想到的是茭白。

比起雕胡米来，茭白除了好吃以外，还好种、好收。前边说了，菰感染了茭白黑粉菌以后，只能长出茭白，不能正常开花结果，但是这个茭白黑粉菌又不容易防治，它的孢子会留在土壤里，下一年种菰的时候还会让菰中招。这样一来，如果想种雕胡米，就要特别小心，防止菰被感染。可是古时候也没那么多防治办法，所以很难做到这一点。

如果选择种茭白就简单了。感染了茭白黑粉菌正好啊！而且，菰是一种多年生植物，不像水稻、小麦似的只能活几个月，而是能在同一块地里生长很多年。人们每年收获茭白以后，把根留在土里，第二年长出来的植株还能染上菌，再长出新的茭白来。这可比小心翼翼地呵护它开花结果要简单多了。

而且，在宋代时候，北方的小麦和南方的水稻都已经非常普及了，这两种农作物寿命短，一年可以产好几次，更适合作为粮食。而菰的寿命长，籽粒每年只能在秋天收获，还是陆陆续续成熟的，收获起来也特别累，隔几天就要收一批。再加上整体产量也不高，人们自然就嫌弃它，种得也就越来越少了。

根据史书记载，宋代的时候，皇帝每年秋天举行祭祀时，供品有酒、稻子和茭白，但没有雕胡米。宋代的《本草图经》是这样描写菰米的："古人以为美馔，今饥岁，人犹采以当粮……"可见，当时的人只是在饥荒时节收集野生菰米充饥，平时基本不吃。

人物小传

辛弃疾（1140—1207），南宋词人。字幼安，号稼轩，历城（今山东济南）人。二十一岁参加抗金义军，不久即归南宋，历任湖北、江西、湖南、福建、浙东安抚使等职。其词抒写力图恢复国家统一的爱国热情，倾诉壮志难酬的悲愤，对当时执政者的屈辱求和颇多谴责；也有不少吟咏祖国河山的作品。艺术风格多样，以豪放为主。热情洋溢，慷慨悲壮，笔力雄厚，与苏轼并称为“苏辛”。

Hao Chi
de
Lishi

12

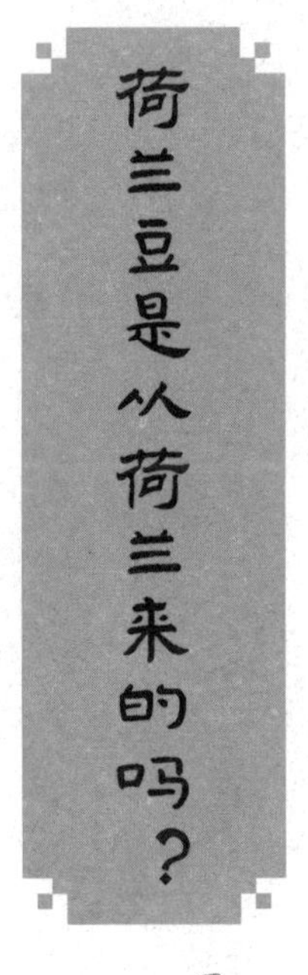

荷兰豆是从荷兰来的吗？

有些食物的名字中会带上国家或者地区，比如日本寿司、海南鸡饭，等等，这是不是说明，这些食物跟这个国家或者地区有直接的关系呢？这可不一定，比如荷兰豆，就不是从荷兰传过来的豆。它在英语中的名字叫 Chinese pea 或者是 Chinese snow pea，直译过来就是“中国豆”或“中国雪豆”。

这就有点意思了！中国人觉得荷兰豆来自荷兰，外国人却觉得荷兰豆来自中国。这是怎么回事呢？

中国人认为荷兰豆来自荷兰，有可能是因为它最早是通过荷兰商船传到中国的。荷兰建国后，大力发展远洋航海和贸易，在 17 世纪时被称作“海上马车夫”，和当时的中国人也有贸易往来。至于欧洲人认为荷兰豆来自中国，有人说是因为欧洲人误以为这种豆子原产于中国，也有人说是因为国外的中餐馆里经常用荷兰豆炒菜，所以外国人就把它当成是中国特色了。

这些说法都有道理，但也都没有确凿的证据。事实上，荷兰豆的老家，既不是荷兰，也不是中国。

荷兰豆是豌豆家族里的一类特殊品种，正式的名字叫“软荚豌豆”。软荚豌豆，从名字能看出来，它的豆荚是软

的，可食用部位是整个果实，也就是说，豆荚和豆荚里面的豆子可以一起吃。软荚豌豆这个品种的诞生地，很可能是在东南亚地区的泰国、缅甸一带。而豌豆这种农作物的原产地，是在亚洲西部地区和地中海地区。

我们现在还没办法确定，豌豆具体是什么时候传到中国的，有可能是汉代。当时，中国北方的主要粮食作物是小米，后来又慢慢变成了小麦；而南方的主要粮食作物则一直是水稻。和小米、小麦、水稻比起来，刚刚来到中国的豌豆没什么竞争力，因为它的产量不高，还怕热，在中国只适合春、秋季种植。所以在古代中国，豌豆作为粮食的价值比较低，一般人都会把它算作蔬菜，是一种副食。

但是，在地中海沿岸的很多地方，人们的饮食习惯和中国不一样，会把豌豆当粮食来吃。能当粮食的农作物都有个共同点，就是淀粉含量高。比如水稻、小麦、玉米、土豆、番薯，还有那些当粮食吃的香蕉，都是这样。所以，在国外能当粮食吃的豌豆品种也不例外。而咱们平常当菜吃的豌豆就不一样了，这种豌豆品种所含的淀粉要少一点。

淀粉吸收水分后很容易膨胀。只有种子中的淀粉足够多时，豆子的外皮才能圆润饱满；如果种子中的淀粉含量少，那豆子的外皮就胀不起来了。能当粮食吃的豌豆品种，种子中含的淀粉足够多，所以，成熟以后豆子是圆溜溜的，外皮不会发皱；而当菜吃的豌豆，因为种子中淀粉较少，完全成熟后，外皮就会显得皱皱巴巴的，但这类豌豆中的蔗糖含量比较高，所以吃起来会带有甜味。

不过，如果我们仔细回忆一下的话，会发现，我们在市场上见到的鲜豌豆，外皮好像都挺光溜的呀？难道它们本来都是粮食品种，被错当成蔬菜卖了吗？当然不是。豌豆到底是圆溜溜还是皱巴巴，要等到完全成熟后才能区分出来。那种能当菜吃的豌豆，要等它完全成熟并变老后，才会变皱。豌豆变老后，口感不如嫩豌豆好吃，所以，大家更喜欢吃嫩豌豆。市场上卖的鲜豌豆，是趁着它们还没成熟就采摘下来的。

说到卖豌豆，还有一件挺好玩的事。今天的豌豆，要么是论斤两卖，要么是论袋卖，可是在一百多年前的北京，豌豆的售卖方式和现在不一样。当时的北京有一些穷苦人家的小孩，会走街串巷，一边吆喝一边卖豌豆，以此来赚点小钱贴补家用。他们卖豌豆，是按“捏”卖。

那么，这一“捏”豌豆，是多少个呢？这要取决于客人要买几捏。比如说，如果你就买一捏豌豆，那卖豌豆的小孩会给你一个；如果是买两捏，那会先给你一

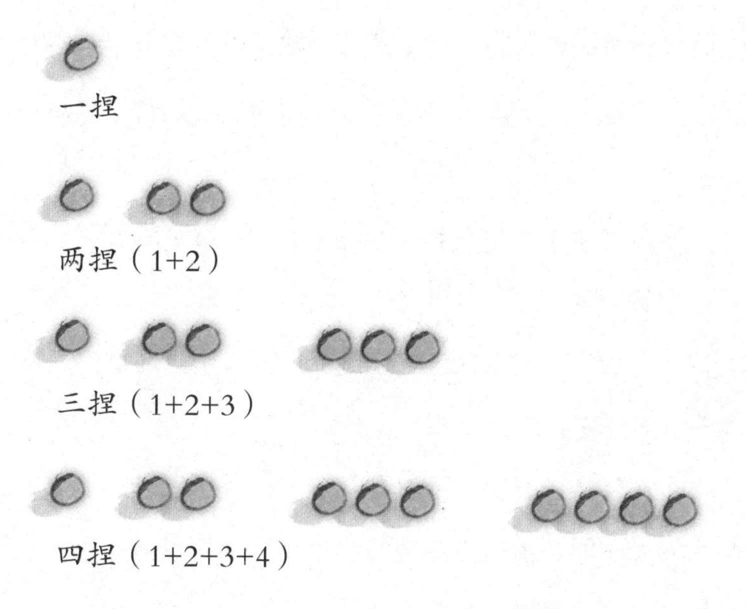

个，再给你俩，一共能买到三个豌豆；三捏就是六个豌豆（1+2+3=6）；四捏就是十个豌豆（1+2+3+4=10）……以此类推。要是买十捏，就是从一加到十，一共是五十五个。在数学上，这叫“等差数列求和”。看来，当年穷人家的小孩也很不容易，不光要出门赚钱，算数还不能太差。同时，这个卖法也说明当时北京人是把这种硬豌豆当成闲嚼的零食来吃，并不当成主食，要不然买个豌豆得算到啥时候去啊。

豌豆能吃的部分，不止豆粒和豆荚。它的种子萌发后，会长成豆苗，可以吃；豆苗再长大些，长出的嫩叶尖端，在我国南方，被叫作“豌豆尖”，也是人们喜爱的蔬菜。

我们在吃豌豆尖的时候，经常会发现它上面长着一种细长的须子，这是叶子顶端的卷须，豌豆用它来缠绕其他植物爬高。

不知道你注意过没有，市场上有黄豆芽、绿豆芽，分别是用黄豆和绿豆培育出来的。豌豆也是豆，怎么就见不着豌豆芽呢？原因或许会让你感到意外，这竟然是因为——豌豆它长不出豆芽。

咦？豆芽，豆芽，不就是豆子发的芽吗？豌豆也是豆类，怎么还能长不出豆芽呢？长不出豆芽，豌豆是怎么长出豌豆苗、豌豆尖的？要说清楚这个事，咱们得说说豆子的结构。

不管是黄豆、绿豆，还是豌豆，每一粒豆子，都是一颗种子，种子的最外层结构是种皮。我们在喝绿豆汤、绿豆粥的时候，很容易从汤水中捞出一种薄薄的皮，那就是绿豆的种皮。同一种植物种子的种皮可能有不同的颜色，比如说大豆，它的种皮有黄、黑两种颜色，黄色的就叫黄豆，黑色的就叫黑豆。

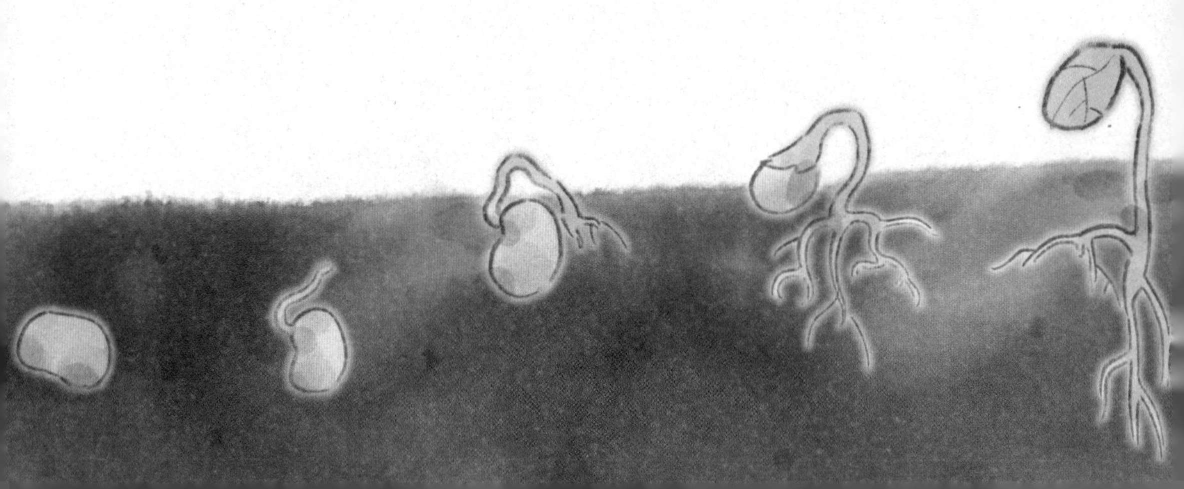

豆子除去种皮以后剩下的部分，叫作“胚”，胚将来会发育成新一代的幼苗。仔细看的话，胚的结构还可以再细分。最显眼的是那俩豆瓣，它们叫作“子叶”，任务是储存营养，就像粮仓一样，用于支持种子萌发。

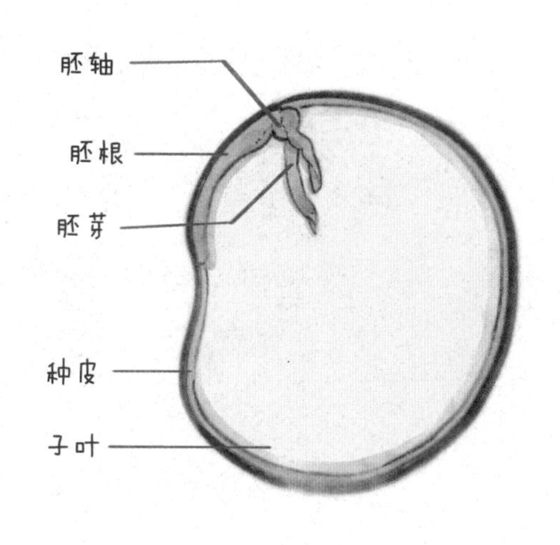

把两片豆瓣连在一起的部分，外形有点像一棵微缩版

的小苗，这棵小苗分为三个部分，从上到下分别叫胚芽、胚轴和胚根。种子发芽的时候，胚轴的上半部分和胚芽会发育成茎和叶，胚轴的下半部分和胚根会发育成根。

不同的植物种子在萌发时各个部位的生长状况不一样。比如说大豆和绿豆，它们刚萌发的前几天，胚轴的下半部分长得特别快，会先长出豆芽那样的白色长条结构，也就是我们常吃的黄豆芽、绿豆芽。但豌豆就不一样了，它萌发的时候，上半部分的胚轴长得特别快，而能长成豆芽的下半部分却不怎么长。所以，无论你怎么种，都种不出豌豆芽，只能得到绿油油的豌豆苗。红豆的生长方式和豌豆比较像，所以我们也见不到红豆芽。

你可以找几种豆子，亲自去种一种，观察它们刚萌发出土的样子，这可比看文字更能留下印象。毕竟陆游说得好，“纸上得来终觉浅，绝知此事要躬行”。

13

万圣节为什么要雕南瓜灯？

很多节日都有自己独特的文化符号，比如中国的端午节，就是龙舟和粽子，中秋节就是月饼和赏月。外国的节日也是如此，比如圣诞节，会让人想起圣诞树和圣诞老人，复活节，会让人想到兔子和巧克力蛋，而万圣节的标志性符号，那就是南瓜灯了。

每年的 10 月 31 日，是万圣节前夜。在这一天，国外很多人都会把南瓜掏空，刻出鬼脸，再放进去一个点燃的蜡烛，做一个南瓜灯出来，看起来又好玩又诡异。不过，你有没有想过：为什么非得用南瓜，而不用其他的东西做灯呢？这还得从万圣节前夜的来历说起。

万圣节和万圣节前夜，并不是同一天，它们的性质也不一样。在欧洲，万圣节是个宗教节日，时间是每年的 11

月 1 日。万圣节的前一晚，叫作“万圣节前夜”，简称“万圣夜”，跟宗教没啥关系，现在在国外基本上算一个商业化的节日，说白了就是让大家找个吃喝玩乐的由头。

万圣节前夜，最早是不列颠的古凯尔特人庆祝丰收的节日。不列颠，是指不列颠群岛，也就是现在的英国、爱尔兰那一带；凯尔特人，是古代西欧地区的居民，他们曾经的居住范围很广，主要分散在现在的意大利、法国、西班牙、英国和爱尔兰等国。在这些凯尔特人中，有些居住在不列颠群岛的部族，最早把 10 月 31 日这天定成节日。

古凯尔特人认为，10 月的最后一天标志着夏天的结束，11 月的第一天则是冬天的开始，所以这两个日子特别重要。他们必须赶在冬天开始之前，把牛从高地的牧场赶回低地，因为高地冬天冷，没什么草，如果还让牛留在高地过冬，牛会挨饿的。另外，冬天刚开始也意味着农作物都已经收获完了，正是大家的粮仓最充实的时候。又是重要的日子，人们还都有吃有喝的，还有比这更适合庆祝的日子吗？

所以，不列颠的古凯尔特人，会在10月31日这一天，点起篝火，准备好大餐，聚在一起吃吃喝喝，庆祝节日。而且，他们觉得死去家人的灵魂也会在这一天回来，和自己一起过节。所以呢，万圣夜就这么和鬼魂、鬼怪扯上了关系。

到了大约18、19世纪，爱尔兰人过万圣夜的时候，就已经开始摆上鬼脸灯笼作装饰了。当时还出现了这么一

个故事，解释这种灯笼的来历：有个人名叫杰克，是个大骗子，他不光骗活人，还骗恶魔，骗鬼怪，所以，他死了以后，天堂不收他，地狱也不要他，他就只能拎着鬼脸灯笼在世界上游荡。

因为这个传说，万圣节的鬼脸灯笼也有个名字，叫“杰克灯笼”。不过，两三百年前的杰克灯笼，可比后来的南瓜灯笼丑多了，它根本就不是用南瓜雕的。

当时用来雕杰克灯笼的材料，是一种长得像大萝卜的植物，名字叫作“芜菁”，它和白菜、油菜、菜心、薹菜都是亲戚。这些蔬菜虽然外形、味道、口感都不相同，但在植物学上都属于一个物种，叫作“芸薹”。

芸薹原产于中亚地区，在几千年前就被人培育成蔬菜了。芸薹家族的蔬菜传入中国的时间很早，最晚到春秋战国时期，其中可能就有芜菁。《诗经》里有这么一句，叫“采葑采菲，无以下体”，“葑”指的是芜菁，而“菲”指的是萝卜。这句诗的意思是，不能因为芜菁和大萝卜这两种植物的叶子和花长得不好看，就看不起它们，因为这两种蔬菜真正有价值的地方，是它们埋在地下的根茎。

有一种常见的野生植物叫“二月蓝”，在《中国植物志》中的正式名字叫“诸葛菜”。之所以叫诸葛菜，相传是因为三国时期的诸葛亮，将它作为军粮推广。但是这个说法经不起推敲。二月蓝虽然能吃，但可吃的部分是春季刚长出来的嫩叶和嫩芽，顶多只能算是时令野菜，不可能成为军队的粮食。

明代文学家张岱曾在《夜航船》中认为，诸葛菜指的是芜菁，因为芜菁的叶子可以生吃，也可以腌成咸菜，根部则可以拿来充饥。这个说法就合理多了。芜菁的叶和根确实都有很高的食用价值。但是，食用价值高不等于好吃。芜菁在这一点上就很明显。它的根部味道有点像萝卜，还稍微带点苦味，煮熟了以后口感像土豆，很面糊，总体来说算不上美味。所以，张岱才只说它能用来充饥，没说它好吃。可能正是因为不好吃，现在芜菁在市场上是越来越少见了。

前边已经说过，当时用来雕杰克灯笼的，是芜菁。因为它的根茎粗壮得像萝卜一样，适合雕刻。所以，如果光从物种这个角度来看，其实也可以摆一棵大白菜来过万圣夜，反正大白菜和芜菁都是同一物种。只是可惜，大白菜不能雕刻出鬼脸，那就失去杰克灯笼的精髓了。

那么，爱尔兰的芜菁灯笼，又是怎么变成南瓜灯笼的呢？在 19 世纪中期，有很多爱尔兰人和英国人移民去了美国。到了美国以后，他们还想在 10 月 31 日按照老家的传统过节。当时美国没什么人种芜菁，没有芜菁，拿什么雕灯笼呀？于是，这些人就开始寻找替代品。他们发现，哎，南瓜这东西不错，又大又圆，用它来雕刻鬼脸，做出来的灯笼还挺好看的。于是，万圣夜的灯笼，就逐渐改用南瓜来雕了。再往后，南瓜灯笼反而成了万圣节前夜的标志，芜菁灯笼则被人遗忘了。

我再告诉你一个惊天大秘密：咱们现在说的南瓜，其实是三种植物的统称。注意啊，这和前边说的芸薹不一样，芸薹是一个物种被培育成了很多不同的蔬菜；而南瓜是反过来的，它是三个不同的物种，被统称为“南瓜”。我们可以管这三种植物叫“南瓜三兄弟”。

南瓜三兄弟都是葫芦科南瓜属的植物，老家都在美洲，

结出来的瓜，样子也差不多，所以好多人就懒得区分它们了，统一叫它们“南瓜”。其实，里头只有一种是真正的南瓜，第二种应该叫“笋瓜”，第三种应该叫“西葫芦”。

你可能会说：“西葫芦我还能不认识？”还真不一定。你熟悉的那种长条形的西葫芦，其实只是西葫芦的一个品种而已。西葫芦有很多品种，果实外形区别很大，吃法也不尽相同。有的品种长得就是人们印象中的“南瓜”样，果实扁圆形，外皮橙黄色，适合切块蒸着吃，或者熬粥喝；有的品种果实形状像个棒槌，外皮绿色，果实幼嫩时可当蔬菜吃；还有的品种果实椭圆形，外皮黄色，吃的时候要从中间切开，拿一双长筷子在瓜瓤里搅动，把瓤搅成面条一样的细丝，挑出来蒸或者煮着吃。另外，西葫芦还有很多观赏品种，果实外形和颜色都很漂亮，不作食用。

要想通过果实区分南瓜三兄弟，关键是看果柄，也就是瓜上头那个把儿。大哥南瓜，它的果柄形状像漏斗，连在果实上的部分又宽又大；二哥笋瓜，它的果柄像棍子，整根果柄上下几乎一样粗；而小弟西葫芦，它的果柄和俩哥哥都不一样，外表有几道特别明显的棱。

三兄弟传入中国的具体时间和地点都不一样，由此得到了不同的名字。比如，对于浙江人和福建人来说，这些瓜是海商从南洋带来的，于是取名“南瓜”。它们传到北方以后，被北方人叫作“北瓜”。还有人误以为这些瓜是从日本来的，就叫它们“倭瓜”。而在日本，人们又认为这些瓜是从中国来的，管它们叫“唐茄”。总之，这南瓜三兄弟的名字实在是混乱得很。

南瓜三兄弟的果实，都能用来雕刻南瓜灯，只要果实的形状和大小看着顺眼就行。不过，如果想要雕特别大个儿的南瓜灯，最好是选择二哥笋瓜，因为它通常能长得比较大。我们有时会看到国外某地种出巨大南瓜的新闻，那些南瓜基本都是笋瓜。不过，笋瓜也不是全都那么大个儿，近年来市场上有种“贝贝南瓜”，果实个头比成年人拳头大不了多少，外皮深绿色，蒸熟了以后口感像甜栗子，它实际属于笋瓜的品种。

14

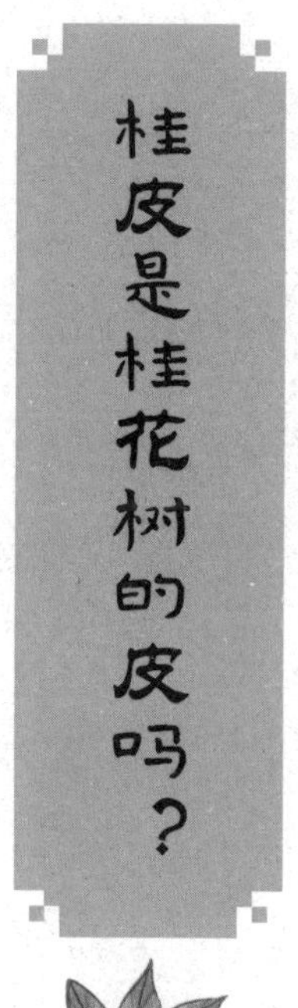

桂皮是桂花树的皮吗？

对于北方人来说，桂花可以说是“最熟悉的陌生人”。说它熟悉，是因为在很多北方小吃中，制作食材会用到干桂花，比如炸糕、酸梅汤等，它们会带有一股特殊的甜香味，给人留下深刻的印象。要是到了南方，用桂花做的美食就更多了，比如桂花糕、桂花芋圆、桂花汤圆、桂花糯米藕等等。

说北方人对桂花感到陌生，是因为它怕冷，更适合在南方种植。在暖和的南方，桂花可以种在地里长成大树，但如果在北方也这么种，到了冬天，肯定会被冻死。桂花要想在北方种活，就只能种在花盆里，春、夏、秋三个季节可以摆在室外观赏，到了冬天就得搬进温室里保温。

桂花能吃的部分是它的花。大多数品种的桂花都是在

秋天开花，大概在农历的八月前后，所以有一首歌叫《八月桂花遍地开》。很多南方城市都种着大量的桂花树，每到秋天，一阵风刮过，桂花的花朵就跟下雨一样唰啦啦地往下落。那个清甜的香味啊，一阵一阵地往人的鼻子眼儿里钻，感觉特别美好。落下来的花，就可以做成干桂花或者糖桂花，留着以后慢慢吃。

因为桂花给人的印象太美好、深刻，所以有一些跟它没有直接关系的特色菜，名字里也带上“桂花”了。比如说，南京的桂花盐水鸭，并没有用到桂花，只是因为这种鸭子在农历八月中秋前后、桂花盛开的季节最好吃，所以得了这么个名字。

还有一道常见的北方菜肴，叫“木樨（xī）肉”。大多数餐厅菜单上会把这道菜写成“木须肉”，还有些餐厅把它写成“苜蓿肉”。其实都不对。正确的写法应该是“木樨肉”或者是“木犀肉”。那么，木犀是什么呢？是木头犀牛吗？当然不是！它指的是桂花。宋代张邦基在《墨庄漫录》里解释了这个名字的来历，“浙人曰木犀，以木纹理如犀也”。意思就是说，浙江人把桂花这种植物叫作木犀，是因为它的木材纹理和犀牛角的花纹相似。因为木犀是一种树，后来就有人给“犀”字加了木字旁，写作“木樨”，直到今天，“木樨”还是桂花在《中国植物志》中

的正式名称。

既然木樨是指桂花，那是不是说明做这道菜时要加桂花呢？也不是。木樨这个词在这里其实是指鸡蛋。鸡蛋炒熟了以后，黄白相间，黄的是蛋黄，白的是蛋清，而桂花看起来也是有白有黄，颜色跟鸡蛋很像，所以过去的餐馆里就管炒鸡蛋叫炒木樨。用鸡蛋、木耳去炒肉片的这道菜，就被叫作“木樨肉”。

前面的章节里提到过，鸡蛋黄的颜色，其实与鸡从食物中获取的类胡萝卜素有关。如果鸡吃下去的类胡萝卜素多，那蛋黄的颜色就会变深，呈现出橙黄色或者橙红色。桂花的花朵，正好也有类似的颜色，有一种叫作“丹桂”的桂花品种，花就是橙色的。

曹操有个儿子叫曹植，是个大文学家。他写过一首诗叫《桂之树行》，里边描写桂树是“扬朱华而翠叶，流芳布天涯”，意思是说，这树红花、绿叶，香味散布得很广。这种桂花开红色的花，明显说的就是丹桂了。

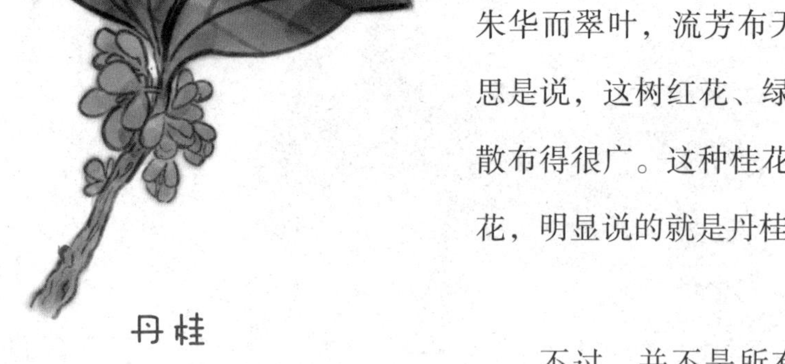

丹桂

不过，并不是所有的“桂”

都跟桂花树有关。三国时期还有一位名家繁（pó）钦写过一篇文章，叫《弭愁赋》，里边有一句是“整桂冠而自饰”，意思就是用桂树做成帽子，自己戴在头上。这里所说的桂树，就不一定是桂花树了。

在先秦时期，“桂”这个字，大部分情况下指的不是我们现在所说的桂花树，而是指樟树和它的“亲戚们”，这些植物同属于樟科。樟树在南方很常见，可以提炼樟脑。樟树的那些亲戚们多半也会在茎叶中积累芳香油脂，所以这些植物的木材、树皮和叶子切开以后都会带有香味，自古以来就是常用的香料来源。《韩非子》中提到过一个“买椟还珠”的故事，说有楚国人在郑国卖珍珠，装珍珠的木盒子特别精美，结果郑国人把盒子买了，却把珍珠还了回去。装珍珠的盒子有多精美呢？原文说的是“木兰之柜，薰以桂椒，缀以珠玉，饰以玫瑰，辑以翡翠”，意思是这个盒子有用桂和花椒熏制出的香味，还有用珠玉、鲜花、翡翠等做装饰。可见在当时，桂是一种常用的香料。

在这些被统称为“桂”的植物中，有一种树名叫“肉桂”。咱们在炖肉、炖鸡的时候，经常会用到一种香料，名叫“桂皮”，就是肉桂干燥的树皮。在曹植生活的年代，“桂”这个名字，既可以指代樟树、肉桂，也可以指桂花树。大约从唐代以后，“桂”才开始专指桂花树。

你在蛋糕店里，有时候还能见到肉桂卷和肉桂面包。这些面包和点心，都要用到一种作料，叫肉桂粉。肉桂粉是一种特别细的棕色粉末，并不是用香料桂皮磨成的粉。能做肉桂粉的植物有好几种，其中最主要的一种名叫“锡兰肉桂”，锡兰就是现在的斯里兰卡。锡兰肉桂原产于亚洲热带地区，斯里兰卡曾经是它的贸易中转站，所以这种植物就得了这么个名字。

锡兰肉桂的树皮有香味，干燥磨碎以后，就是蛋糕店里用的肉桂粉。你别看都是树皮，锡兰肉桂和炖肉用的肉桂，那外形和味道可就差远了。炖肉用的肉桂，皮很厚，香气特别浓烈，要是直接嚼，能尝出一股明显的苦味。而做肉桂粉用的锡兰肉桂呢，它的皮很薄，看着就跟牛皮纸卷似的，香气也比较淡，尝起来没什么苦味，反而有点甜腻腻的感觉，跟面包和点心还挺搭配的。要是做面包、点心的时候，把锡兰肉桂的桂皮错用成普通肉桂的桂皮，那做出来的东西可就太难吃了；反过来也一样，炖肉的时候要是把桂皮错放成了锡兰肉桂，味道肯定也不对。

不管是桂花，还是用来炖肉的肉桂，它们都出产自中国的南方地区。古人对它们很熟悉，把它们融入各种传说和想象当中去。比如，宋代的《太平御览》就引用了西汉《淮南子》中的文字 “月中有桂树”，唐代的《酉阳杂俎》

还详细记载了月中桂树的传说："月桂高五百丈，下有一人常斫之，树创随合。人姓吴名刚，西河人，学仙有过，谪令伐树。"这就是吴刚伐桂的故事。月中有桂的传说至今仍然在流传，大家普遍认为这是古人对月面阴影展开的想象。不过，传说中的月中桂树究竟是桂花还是樟科植物，现在就很难考证了。

关于月亮上的桂树，还有个典故。西晋的时候，有个大官，名叫郤诜（xì shēn）。此人能力出众，也特别自信。有一次，晋武帝司马炎问他怎么评价他自己，郤诜回答说："我的工作能力天下第一，就如同月亮上的一根桂树枝条、昆仑山出产的一片宝玉。"晋武帝听了他的回答哈哈大笑。后来有人借此事攻击郤诜，说这人太狂了，得受到惩罚，建议晋武帝免去他的官职。结果晋武帝说："我们俩那是开玩笑，何必认真呢！"后来，这事儿就这么过去了。

郤诜这事儿是过去了，但从此就给后人留下了一个成语——蟾宫折桂。蟾宫指的就是月亮，因为传说中月亮上还有只蟾蜍，所以叫蟾宫。唐代以后，"蟾宫折桂"一词多用于形容在科举考试中发挥得很好，考中了进士，后来也泛指在考试和比赛里取得了好名次。

中国有蟾宫折桂，在遥远的欧洲，古时候也有类似的

说法，只不过出场的植物不是桂花，也不是肉桂，而是月桂树。月桂树和桂花的亲缘关系很远，但和肉桂的关系比较近，它们都是樟科的植物。古希腊人会将月桂树的枝条编成花环，戴在体育比赛冠军的头上，作用就相当于现在的金牌和奖杯。于是，中国早期的翻译家就借用繁钦文章里的说法，把这种枝条花环翻译成“桂冠”。而古希腊人用来制作桂冠的树，因为也有好名次的象征意义，就跟蟾宫折桂的意思差不多，所以，这种植物就被翻译成了“月桂”。

月桂的叶子挺硬的，揉碎了有一股香味，晒干后可以作调料用，名字叫作“香叶”。你在火锅的锅底、炖肉的肉汤，或者酸黄瓜罐头里，经常能看见一种又干又硬的小树叶，那就是香叶。很多西餐菜肴中，也都会用到磨碎的香叶来调味。

说了这么多的“桂”，你的脑子有没有开始乱了呢？咱们总结一下。桂花糕、桂花糯米藕里用的那种又香又甜的桂花，它是真的桂花，也叫木樨。而其他几种名字有“桂”的植物，都是樟科植物：炖肉用的桂皮是肉桂的树皮；蛋糕里用的肉桂粉，一般是锡兰肉桂树皮磨成的粉；火锅锅底里那种硬硬的香叶，则是月桂树的叶子。这些“桂”字辈的调料，拥有各自的香气和用途，做菜的时候，可不要用混了哦。

传统习俗

中秋节，中国重要的传统节日。时间在农历八月十五，正值仲秋满月时节，故又称仲秋节、团圆节等。中秋节节俗围绕着天上的月亮展开，包括祭月、赏月、吃月饼等。中国很早就有秋分“夕月”的祭祀，后逐渐演变为中秋祭月、拜月。近代以后，随着中秋月亮信仰的淡化，传统的祭月、拜月活动消失，品尝月饼、欣赏中秋明月、亲友往来贺节成为多数人的节俗习惯。

好吃的知识有力量！扫描二维码，可以免费获得著名科普作家吴昌宇的4门精选课程，快来开启舌尖旅行吧！

本页二维码非出版社二维码，您的扫描行为视为您同意通过本页二维码链接至第三方平台（少年得到）。二维码链接平台由少年得到管理，其全部内容或交易均由您与少年得到完成，由此产生的任何行为或结果均与出版社无关。

给孩子的《普通动物学》课

带孩子在轻松有趣的动物故事里了解动物的演化

★ 形成完整清晰的知识体系，建立联系、快速学习

★ 分析经典实验，把实验题变成孩子的强项

★ 40多个有趣的动物故事，孩子更爱听

★ 用生物思维构建专属于自己的知识框架

1

课程目录　01 记忆也可以移植吗？ · 02 恐龙真的灭绝了吗？ · 03 蝉也会做乘法吗？ · 04 鲸的亲戚竟然是河马？ · 05 周末课堂 – 你应该认识的10种动物朋友

《神奇植物在哪里》

让孩子动脑学知识，动手做实验，成为小小植物学家！

★ 12个科学实验，边玩边学，让孩子爱上动手做实验！

★ 150种神奇植物大揭秘，激发孩子好奇心

★ 打造植物百科全书，让孩子对知识的理解更加深入

2

课程目录　01 食草恐龙真的存在吗？ · 02 看年轮能分辨出南北吗？ · 03 种子是怎样旅行的？ · 04 什么花让达尔文都惊了？ · 05 世界上有没有能吃人的树？

《人体探秘30讲》

带孩子进入神秘的人体迷宫，解开人体的奥秘！

★ 全方位探索人体，让孩子深刻认识人体，了解自己！

★ 科普身体基本知识，培养健康生活习惯

★ 三大单元助力探索身体的秘密

3

课程目录　01 消化一个汉堡需要哪几步？ · 02 什么？蚊子每天都在喝珍珠奶茶？ · 03 小猫小狗真能听懂你的话吗？ · 04 怎么才能让自己长高个？ · 05 为什么有人闻到花香就打喷嚏？

好吃的知识有力量！扫描二维码，可以免费获得著名科普作家吴昌宇的 4 门精选课程，快来开启舌尖旅行吧！

4

《舌尖上的博物学》

利用身边触手可得的 100 多种食物，带领孩子尝遍关于食物的文化与知识！

★ 5 大类别，跟着食物学生物
★ 40 讲课程，串起全球文明发展史
★ 100+ 食物，换个方式学历史
★ 珍惜食物，培养良好饮食习惯

课程目录　01 梁山好汉吃牛肉真的犯法吗？・02 果冻是怎么“冻”起来的？・03“早茶”喝的是什么茶？・04 雍正皇帝为什么要在圆明园里种番薯？・05 烤肉为什么那么香？